Rolf Isermann

# Prozeßidentifikation

Identifikation und Parameterschätzung
dynamischer Prozesse mit diskreten Signalen

Springer-Verlag
Berlin Heidelberg New York 1974

Dr.-.Ing ROLF ISERMANN

Professor im Fachbereich Energietechnik
an der Universität Stuttgart

Mit 42 Abbildungen

ISBN-13: 978-3-540-06911-9     e-ISBN-13: 978-3-642-95263-0

DOI: 10.1007/ 978-3-642-95263-0

# Vorwort

Eine wesentliche Voraussetzung zur Anwendung von Methoden der Systemtheorie ist bekanntlich die Kenntnis von *mathematischen Modellen* für
das statische und dynamische Verhalten der Systeme. Die mathematischen
Modelle können dabei auf theoretischem oder experimentellem Wege gewonnen werden. Mann spricht dann von theoretischer Analyse (theoretische Modellbildung) oder von experimenteller Analyse (Identifikation,
Parameterschätzung). Welcher dieser beiden Wege für einen bestimmten
Fall zu wählen ist, hängt von der Aufgabenstellung und vom untersuchten System (Prozeß) ab. Im allgemeinen ergänzen sich beide Arten der
Modellgewinnung.

Im vorliegenden Band werden Verfahren zur *Identifikation und Parameterschätzung* behandelt, die besonders für den Einsatz von Digitalrechnern geeignet sind. Dabei ist die Aufgabe zu lösen, aus gemessenen Ein- und Ausgangssignalen mathematische Modelle für das dynamische
(und statische) Verhalten zu ermitteln. Da die Elimination von uner-
wünschten Störsignalen, die meist stochastischer Natur sind, eine wesentliche Rolle spielt, ist die Identifikation nicht nur ein analyti-
sches, sondern auch ein stochastisches Problem. Zu ihrer Lösung benötigt man außer den speziellen Prozeßeigenschaften die Theorien der
dynamischen Systeme, der Signale, der Regelung, der Optimierung und
die digitale Rechentechnik.

Die Prozeßidentifikation kann auch als eine *Prozeß-Meßtechnik* oder
*System-Meßtechnik* betrachtet werden, bei der nicht die Signalwerte
allein, sondern die durch die Prozesse gegebenen Wirkungszusammenhänge
der Signalwerte interessieren.

In den letzten zehn Jahren wurden die Identifikationsmethoden wesentlich durch den zunehmenden Gebrauch von *Digitalrechnern* und durch die
moderne, auf parametrischen Modellen aufbauende *Regelungstheorie* be-
einflußt. Dies führte besonders zur Entwicklung von Parameterschätzmethoden für dynamische Prozesse, die im Zeitbereich arbeiten.

In diesem Band werden deshalb Identifikations- und Parameterschätzmethoden behandelt, die für die Auswertung mittels Digitalrechner
(bzw. Prozeßrechner) besonders geeignet sind und die für relativ
große Klassen von *technischen, biologischen, ökonomischen und öko-
logischen Prozessen* angewendet werden können.

Nach einigen grundsätzlichen Bemerkungen über die theoretischen und
experimentellen Verfahren der *Modellgewinnung* und ihre Wechselwir-
kungen werden in Kapitel 1 die Aufgaben der Prozeßidentifikation beschrieben. Es schließt sich eine *Klassifikation der Identifikationsverfahren* an, mit der sich die vielfältigen Verfahren übersichtlich
ordnen lassen.

Da die Identifikationsverfahren wegen des Einsatzes von Digitalrechnern hauptsächlich in der Form für *zeitdiskrete (abgetastete) Signale*
interessieren, sind in Kapitel 2 einige grundlegende Beziehungen determinierter und stochastischer zeitdiskreter Signale und Prozesse
zusammengestellt.

Die weitere Unterteilung des Stoffes richtet sich nach der Form des
resultierenden mathematischen Modells. Teil A behandelt die für die
Identifikation von nichtparametrischen Modellen (Gewichtsfunktionen,
Korrelationsfunktionen) wichtigen *Korrelationsverfahren* und die zugehörigen Testsignale. In Teil B werden Identifikationsverfahren für
parametrische Modelle (Differenzengleichungen, z-Übertragungsfunktionen) dargestellt, die ausnahmslos Parameterschätzverfahren sind. Es
wird mit der einfachsten, grundlegenden *Methode der kleinsten Quadrate* begonnen, die zunächst für statische und dann für dynamische Prozesse formuliert wird. Dabei werden sowohl nichtrekursive als auch
rekursive Schätzgleichungen angegeben. Die Behandlung der Parameterschätzung mit Hilfe der stochastischen Parameteroptimierung führt
dann zur (rekursiven) Methode der *stochastischen Approximation*.

Da beide Methoden für gestörte dynamische Prozesse im allgemeinen
keine erwartungstreuen Parameterschätzwerte liefern, folgt die Beschreibung verbesserter Parameterschätzmethoden: *Methode der verallgemeinerten kleinsten Quadrate, Methode der Hilfsvariablen* (instrumental variables) und schließlich die *Maximum-Likelihood-* und die
*Bayes-Methode*. Besonderer Wert wurde auf die Darstellung der inneren
Zusammenhänge dieser Methoden gelegt. Es wird gezeigt, wie sich die

wichtigsten Methoden aus der Bayes-Methode, die theoretisch die allgemeinste Methode ist, systematisch ableiten lassen (Kapitel 10).

Die Verfahren zur Identifikation nichtparametrischer Modelle und die Parameterschätzverfahren lassen sich so kombinieren, daß sich besondere Vorteile ergeben. In Teil C wird deshalb gezeigt, wie man die Parameter dynamischer Prozesse aus einfachen Antwortfunktionen auf nichtperiodische Testsignale (z.B. Übergangsfunktionen) bestimmen kann, und wie sich insbesondere durch Kombination der Korrelationsanalyse und der Methode der kleinsten Quadrate eine *Parameterschätzung in zwei Stufen* ergibt, die besonders für die *On-line-Identifikation mit Prozeßrechnern* entwickelt wurde.

In Teil D folgt ein *Vergleich* der behandelten Identifikations- und Parameterschätzverfahren in bezug auf ihre A-priori-Annahmen, Güte (Konvergenz), Zuverlässigkeit und Rechenzeit. Dann werden Verfahren zur *Suche der Modellordnung* einschließlich Totzeit betrachtet.

Es folgt eine Behandlung verschiedener Probleme, wie Wahl des Eingangssignals und der Abtastzeit, die Elimination niederfrequenter Störsignale, die Identifikation zeitvarianter Prozesse und die Überprüfung identifizierter Modelle. Schließlich werden Ergebnisse der On-line-Identifikation eines thermischen Prozesses mit einem Prozeßrechner gezeigt.

Der Anhang enthält Begriffe der Schätztheorie und verschiedene Ableitungen und Beispiele, die im Hauptteil ausgespart wurden.

Das Manuskript wurde in relativ kompakter Form geschrieben, sodaß es sich für den Unterricht eignet. Es richtet sich an Studenten der Ingenieur- und Naturwissenschaften und an Ingenieure und Wissenschaftler in Industrie und Forschung. Vorausgesetzt werden grundlegende Kenntnisse der linearen Regelungstheorie und der Statistik. Eine Kenntnis der Theorie stationärer stochastischer Signale ist erwünscht, jedoch nicht unbedingt Voraussetzung, da in Abschnitt 2.2 die benötigten Begriffe und Gleichungen zusammengefaßt sind.

Zusammen mit den beiden Bändchen des Verfassers über die "Experimentelle Analyse von Regelsystemen" und die "Theoretische Analyse industrieller Prozesse", die im Bibliographischen Institut, Mannheim 1971 erschienen sind, und die die in den Jahren 1950-1969 entwickelten Identifikationsverfahren für kontinuierliche Signale (Kennwertermittlung aus Übergangsfunktionen, Frequenzgangmessung, Fourieranalyse, Korrelationsverfahren, Modellabgleichverfahren) und eine Einführung in die theoretische Modellbildung zum Inhalt haben, dürfte sich mit dem vorliegenden Band ein abgerundetes Bild der Verfahren zur Modellgewinnung dynamischer Prozesse ergeben.

Der Verfasser dankt seinen Mitarbeitern, insbesonders Herrn Dipl.-Ing. U. Baur, Herrn Dipl.-Ing. W. Bamberger, Herrn Dipl.-Ing. H. Kurz und Herrn Dipl.-Ing. H. Siebert, die verschiedene Parameterschätzverfahren untersucht und beim Korrekturlesen behilflich waren. Fräulein Vlahov danke ich für das Anfertigen der Bilder. Mein Dank gilt ferner dem Springer-Verlag für die Herausgabe des Bandes und für die angenehme Zusammenarbeit.

Schließlich möchte ich besonders meiner Frau danken, die den vorliegenden Text geschrieben hat.

Stuttgart, Juni 1974                                      Rolf Isermann

# Inhaltsverzeichnis

# 1. Einführung

Das zeitliche Verhalten von beliebigen Systemen, wie z.B. technischen, biologischen oder ökonomischen Systemen, kann mit Hilfe der *Systemtheorie* nach einheitlichen mathematischen Methoden beschrieben werden. Zur Anwendung dieser Theorie müssen jedoch mathematische Modelle für das statische und dynamische Verhalten der Systeme bekannt sein.

Diese mathematischen Modelle werden durch eine *Systemanalyse* gewonnen. Da sich das Verhalten eines *Systems*[1] aus dem Verhalten seiner verschiedenen *Prozesse*[2] einschließlich *Signale* ergibt, setzt sich die Systemanalyse im allgemeinen aus verschiedenen *Prozeßanalysen* und *Signalanalysen* zusammen. Auch hierzu gibt es verschiedene Methoden, die systemunabhängig gelten.

## 1.1 Theoretische und experimentelle Prozeßanalyse

Man unterscheidet zwei verschiedene Wege der Analyse von Prozessen, die *theoretische* und *experimentelle* Prozeßanalyse.

Bei der *theoretischen Analyse* (theoretische Modellbildung) wird das Modell berechnet. Man beginnt mit vereinfachenden Annahmen über den Prozeß, die die Berechnung erleichtern oder überhaupt erst mit erträglichem Aufwand ermöglichen. Dabei geht man wie folgt vor, vgl. Bild 1.1:

(1)    Aufstellen der *Bilanzgleichungen* für die gespeicherten Massen, Energien und Impulse. Bei Prozessen mit örtlich verteilten

---

[1] Unter einem *System* sei eine abgegrenzte Anordnung von aufeinander einwirkenden Gebilden (Prozessen) verstanden (DIN 66201)

[2] Mit *Prozeß* werde die Umformung und/oder der Transport von Materie, Energie und/oder Information bezeichnet (DIN 66201)

Parametern[1] betrachtet man hierzu ein infinitesimal kleines Prozeßelement, bei Prozessen mit konzentrierten Parametern[2] den ganzen Prozeß.

(2) Aufstellen der *pysikalisch-chemischen Zustandsgleichungen*.

(3) Aufstellen der *phänomenologischen Gleichungen*, wenn irreversible Prozesse (Ausgleichsprozesse) stattfinden (z.B. Gleichungen für Wärmeleitung, Diffusion oder chemische Reaktion).

(4) Eventuell Aufstellen von *Entropiebilanzgleichungen*, wenn mehrere irreversible Prozesse stattfinden.

Man erhält somit ein System gewöhnlicher und/oder partieller Differentialgleichungen, das auf ein theoretisches Modell des Prozesses mit bestimmter Struktur und bestimmten Parametern führt, wenn es sich explizit lösen läßt. Vielfach ist dieses Modell umfangreich und kompliziert, so daß es für die weitere Anwendung vereinfacht werden muß.

Die Vereinfachung erfolgt dabei bei zeitinvarianten Prozessen in folgenden Schritten:

Partielle Differentialgleichung, nichtlinear

↓ Linearisieren

Partielle Differentialgleichung, linear

↓ Approximation mit konzentrierten Parametern

Gewöhnliche Differentialgleichung, n-ter Ordnung, linear

↓ Reduktion der Ordnung

Gewöhnliche Differentialgleichung, < n-ter Ordnung, linear.

----

[1] Die Zustandsgrößen von Prozessen mit örtlich *verteilten Parametern* sind sowohl von der Zeit als auch vom Ort abhängig und werden deshalb durch partielle Differentialgleichungen beschrieben.

[2] Die Zustandsgrößen von Prozessen mit *konzentrierten Parametern* lassen sich zur mathematischen Behandlung des dynamischen Verhaltens in einem Punkt konzentriert betrachten. Sie werden deshalb durch gewöhnliche Differentialgleichungen beschrieben.

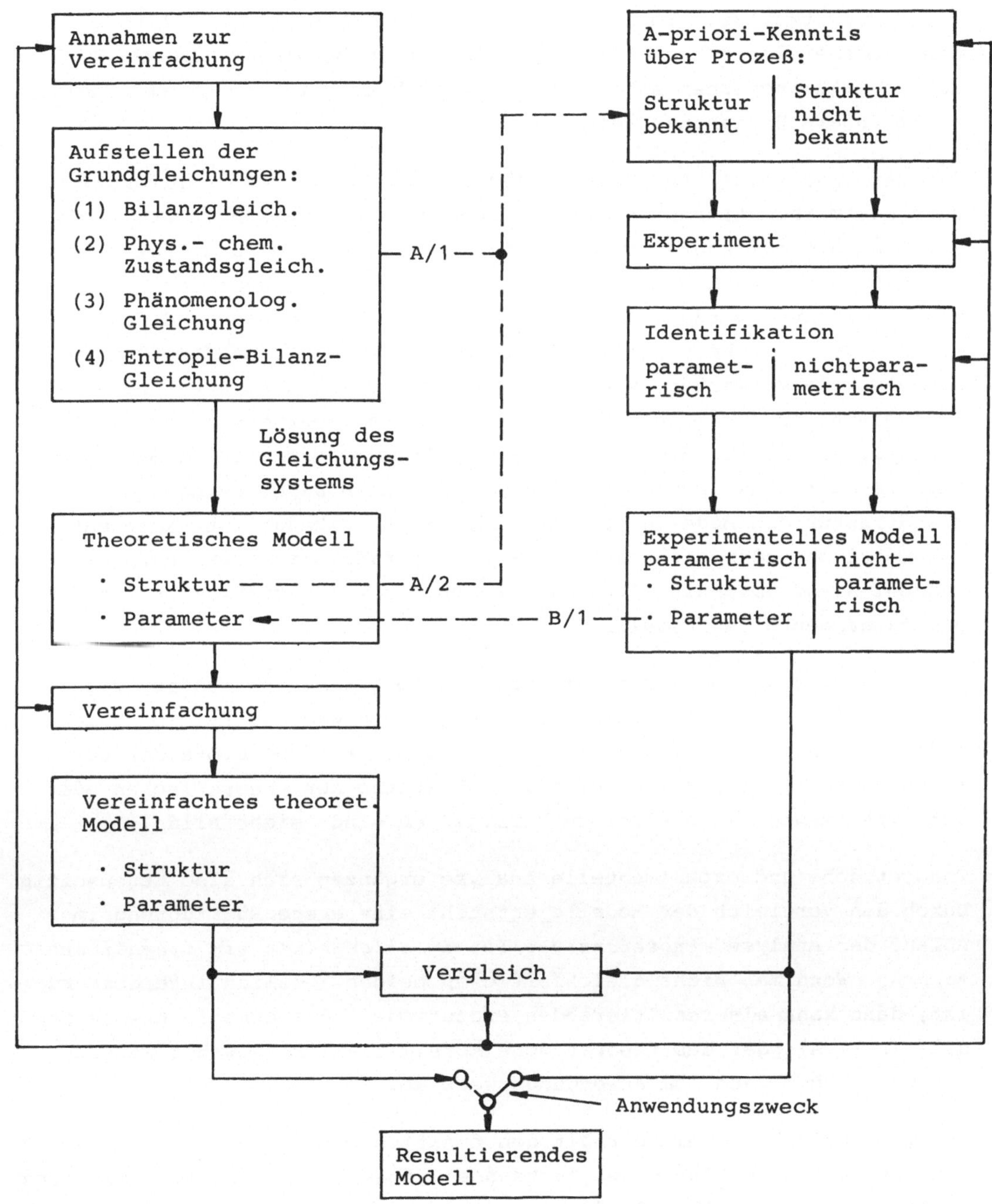


Bild 1.1 Prinzipielles Vorgehen bei der Prozeßanalyse

Die ersten Schritte dieser Vereinfachungen können auch bereits durch
vereinfachende Annahmen bei der Aufstellung der Grundgleichungen gemacht worden sein.

Aber auch dann, wenn das Gleichungssystem nicht explizit gelöst werden kann, liefern die einzelnen Gleichungen wichtige Hinweise über
die Modellstruktur.  So sind z.B. Bilanzgleichungen stets linear und
die phänomenologischen Gleichungen in weiten Bereichen linear. Nur
die physikalisch-chemischen Zustandsgleichungen führen im allgemeinen
nichtlineare Beziehungen ein.

Bei der *experimentellen Analyse* des Prozesses (Prozeßidentifikation)
wird das mathematische Modell des Prozesses aus Messungen ermittelt.
Man geht hierbei stets von A-priori-Kenntnissen über den Prozeß aus,
die z.B. aus der theoretischen Analyse oder aus vorausgegangenen Messungen gewonnen wurden, vgl. Bild 1.1. Dann werden Ein- und Ausgangssignale des Prozesses gemessen und mittels eines Identifikationsverfahrens so ausgewertet, daß der Zusammenhang zwischen Ein- und Ausgangssignal in einem mathematischen Modell ausgedrückt wird. Die Eingangssignale können die natürlichen im Prozeß auftretenden Betriebs-
signale oder künstlich eingeführte Testsignale sein. Je nachdem, ob
die Struktur des Modelles bekannt oder nicht bekannt ist, kann man
parametrische oder nichtparametrische Identifikationsverfahren verwenden, siehe Abschnitt 1.2. Das Ergebnis der Identifikation ist dann
ein experimentelles Modell.

Das theoretische und das experimentelle Modell können, sofern sich
beide Analysen durchführen lassen, verglichen werden. Stimmen beide
Modelle nicht überein, dann kann man aus der Art und Größe der Dif-
ferenzen schließen, welche einzelnen Schritte der theoretischen oder
der experimentellen Analyse zu korrigieren sind, siehe Bild 1.1.

Theoretische und experimentelle Analyse ergänzen sich also gegenseitig.
Durch den Vergleich der Modelle entsteht eine erste Rückführung im
Ablauf der Analyse. *Prozeßanalyse ist im allgemeinen ein iterativer
Vorgang.* Wenn man nicht gleichzeitig an beiden Modellen interessiert
ist, dann kann als resultierendes Prozeßmodell das experimentelle Mo-
dell (Fall A) oder das theoretische Modell (Fall B) gewählt werden.
Die Wahl hängt dann vom Anwendungszweck ab.

Das theoretische Modell enthält den funktionalen Zusammenhang zwischen
den physikalischen Daten des Prozesses und seinen Parametern. Man wird
dieses Modell deshalb z.B. dann verwenden, wenn der Prozeß schon beim

Entwurf bezüglich seines dynamischen Verhaltens günstig ausgelegt oder sein Verhalten simuliert werden soll.

Das experimentelle Modell dagegen enthält als Parameter nur Zahlenwerte, deren funktionaler Zusammenhang mit den physikalischen Daten des Prozesses unbekannt bleibt. Es kann aber meistens das momentane dynamische Prozeßverhalten genauer beschreiben, oder es kann mit geringerem Aufwand zu ermitteln sein, was z.B. für die Anpassung einer Regelung oder zur Vorhersage von Signalverläufen besser ist.

Im Fall B liegt der Schwerpunkt auf der theoretischen Analyse. Man verwendet dann die experimentelle Analyse meist nur zur eventuell einmaligen Nachprüfung der Genauigkeit des theoretischen Modells oder zur Ermittlung von Parametern, die anders nicht genau genug zu erhalten sind. Dies ist in Bild 1.1 mit Signalfluß B/1 gekennzeichnet.

Im Fall A liegt der Schwerpunkt dagegen auf der experimentellen Analyse. Man ist dann interessiert, möglichst viel A-priori-Kenntnis aus der theoretischen Analyse zu verwenden, da das die Genauigkeit des experimentellen Modells erhöhen kann. Am günstigsten ist es, wenn die Struktur des Modells aus der theoretischen Analyse bereits bekannt ist (Signalfluß A/2 in Bild 1.1). Wenn sich die Grundgleichungen des Prozesses jedoch nicht explizit lösen lassen, zu kompliziert sind oder nicht vollständig bekannt sind, dann kann man aus diesen Gleichungen Informationen über die mögliche Modellstruktur erhalten (Signalfluß A/1).

Aus dieser Aufstellung ist zu erkennen, daß die Prozeßanalyse im allgemeinen weder rein theoretisch noch rein experimentell durchgeführt wird. *Prozeßanalyse ist vielmehr eine geeignete Kombination theoretischer und experimenteller Verfahren, deren einzelne Schritte durch den Anwendungszweck des Prozeßmodells und durch den Prozeß selbst vorgegeben werden.*

Der Anwendungszweck des resultierenden Prozeßmodells bestimmt die erforderliche Genauigkeit des Modells und damit den Aufwand, den man bei der Analyse treiben muß. Dadurch bildet sich eine zweite Rückführung vom resultierenden Modell zu den einzelnen Schritten der Analyse aus, also eine zweite Iterationsschleife.

Obwohl die theoretische Analyse prinzipiell mehr Information über einen Prozeß liefern kann, sofern die Vorgänge im Prozeß bekannt und mathematisch beschreibbar sind, hat die experimentelle Analyse

in den letzten Jahren viel Beachtung gefunden. Die Gründe sind hauptsächlich darin zu finden, daß die theoretische Analyse schon bei relativ einfachen Prozessen sehr aufwendig werden kann, daß trotz be-
kanntem theoretischen Modell manche Koeffizienten zu ungenau sind,
daß nicht alle Vorgänge im Prozeß bekannt oder mathematisch beschreibbar sind oder daß manche Prozesse zu komplex sind, so daß eine theoretische Analyse zu kostspielig wird.

Die experimentelle Analyse ermöglicht dagegen die Bildung von mathematischen Modellen durch Messung der Ein- und Ausgangssignale für Prozesse, die beliebig aufgebaut sein können. Ein großer Vorteil besteht
darin, daß dieselben experimentellen Analysemethoden auf die verschie-
densten, beliebig komplizierten Prozesse anwendbar sind. Durch die
Messung von Ein- und Ausgangssignalen kann man jedoch nur Modelle für
das Ein- und Ausgangs-Verhalten der Prozesse erhalten, also keine Modelle, die die wirkliche innere Struktur der Prozesse beschreiben.
Diese Ein/Ausgangs-Modelle reichen jedoch für viele Anwendungszwecke
aus. Falls der Prozeß die Messung innerer Zustandsgrößen zuläßt, kann
natürlich auch Information über die innere Struktur erhalten werden.

Besonders im Zusammenhang mit der Auswertung der gemessenen Ein- und
Ausgangssignale durch Digitalrechner sind in den letzten Jahren leis-
tungsfähige Identifikationsverfahren entwickelt worden. Die mit diesen
Verfahren ermittelten mathematischen Modelle werden z.B. zu folgenden
Zwecken verwendet:

- Bessere Kenntnis über die Prozesse
- Überprüfung theoretischer Modelle
- Synthese von Regelsystemen
- Vorhersage von Signalen
- Optimierung des statischen und dynamischen
  Verhaltens von Prozessen
- Berechnung nicht direkt meßbarer Größen.

Besonders beim Einsatz von Prozeßrechnern zur Regelung, Überwachung
und Optimierung von Prozessen kann die Prozeßidentifikation ein wich-
tiges Hilfsmittel sein, um die einzelnen Algorithmen an die Prozesse
einmalig oder fortlaufend schnell anzupassen.

Im Bereich der biologischen und wirtschaftlichen Prozesse, die zum
Teil äußerst kompliziert und komplex sind und bei denen man deshalb
oft weit von der Möglichkeit einer theoretischen Analyse entfernt ist,
ist die Prozeßidentifikation meist die einzige Methode zur Erlangung
von Kenntnissen über das zeitliche Verhalten.

Im Sinne dieses einführenden Abschnittes soll in diesem Band die
Identifikation von Prozessen unter besonderer Berücksichtigung der
Verwendung von Digitalrechnern zur Auswertung behandelt werden.


## 1.2 Aufgaben und Probleme der Prozeßidentifikation

Es wird zunächst angenommen, daß der zu identifizierende Prozeß
stabil ist und ein einziges Eingangssignal und ein einziges Ausgangssignal hat. Beide Signale sollen fehlerfrei gemessen werden können.
Die Aufgabe der Identifikation eines Prozesses P besteht darin, aus
gemessenem Eingangssignal $u_M(t) = u(t)$, gemessenem Ausgangssignal
$y_M(t) = y(t)$ und eventuell anderen gemessenen Signalen ein mathema-
tisches Modell für das zeitliche Verhalten des Prozesses zu finden,
Bild 1.2. Diese Aufgabe wird besonders dann erschwert, wenn auf den

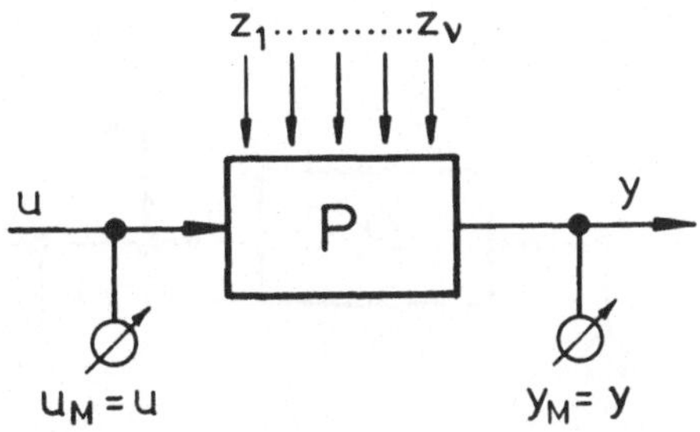


Bild 1.2 Gestörter Prozeß

Prozeß Störsignale $z_1(t),\ldots, z_\nu(t)$ einwirken, die das Ausgangssignal
ebenfalls beeinflussen. Man muß dann geeignete Verfahren finden, die
das vom interessierenden Eingangssignal entstandene Nutzsignal $y_u(t)$
vom Störsignal $y_z(t)$, das durch die Störsignale $z_1(t),\ldots,z_\nu(t)$ entsteht, trennen.

Der Begriff *Identifikation* und die damit verbundenen Aufgaben seien
wie folgt beschrieben:

> *Prozeßidentifikation ist die experimentelle Ermittlung
> des zeitlichen Verhaltens eines Prozesses.*

> *Man verwendet gemessene Signale und ermittelt das zeit-
> liche Verhalten des Prozesses innerhalb einer Klasse
> von mathematischen Modellen.*

> *Die Fehler zwischen dem wirklichen Prozeß und seinem mathe-
> matischen Modell sollen dabei so klein wie möglich sein.*

Diese Definition lehnt sich an eine Definition von Zadeh (1962) an.
Sie verwendet die Begriffe

- Gemessene Signale,
- Klasse von mathematischen Modellen,
- Fehler zwischen Prozeß und seinem Modell.

Als gemessene Signale werden meistens nur die Ein- und Ausgangssignale verwendet. Wenn es jedoch möglich ist, zusätzlich noch innere Zustandsgrößen des Prozesses zu messen, dann können auch Informationen über die innere Struktur des Prozesses erhalten werden.

Es werde nun ein linearer stabiler Prozeß betrachtet. Dann können die einzelnen Störsignalkomponenten in der Ausgangsgröße wegen der Gültigkeit des Superpositionsgesetzes durch ein einziges repräsentatives Störsignal $y_z(t)$ dargestellt werden, das dem Nutzsignal $y_u(t)$ additiv überlagert ist, Bild 1.3.

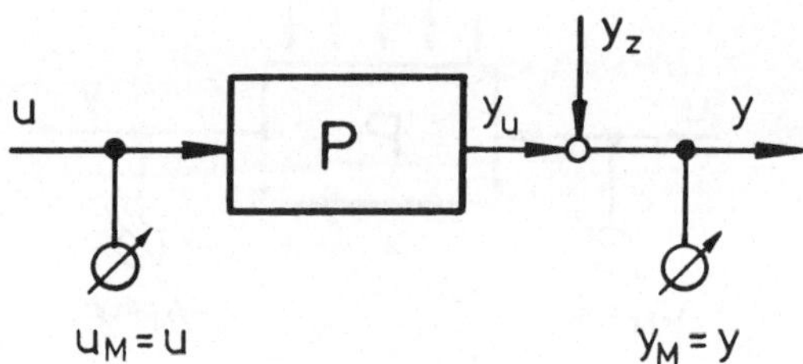


Bild 1.3 Gestörter linearer Prozeß mit einem Eingang und einem
         Ausgang

Wenn dieses Störsignal $y_z(t)$ nicht vernachlässigbar klein ist, dann muß sein fälschender Einfluß bei der Identifikation möglichst weitgehend eliminiert werden. Dazu bedarf es aber einer mit zunehmendem Verhältnis Störsignalpegel/Nutzsignalpegel größer werdenden Meßzeit.

Bei der Identifikation der meisten Prozesse ist folgendes zu beachten:

1) Die zur Verfügung stehende *Meßzeit* $T_M$ ist aus prozeßtechnischen Gründen oder wegen zeitvarianter Eigenschaften der Prozesse immer begrenzt

$$T_M \leq T_{M,max}.$$

2) Die maximal zulässige Änderung des Eingangssignales, die *Testsignalhöhe* $u_0$, ist aus prozeßtechnischen Gründen oder wegen Annahme linearen Prozeßverhaltens immer beschränkt

$$u_0 = u(t)_{max} - u(t)_{min} \leqq u_{0,max}. \qquad (1.2-1)$$

3) Die maximal zulässige Änderung der *Ausgangsgröße* kann ebenfalls aus prozeßtechnischen Gründen oder wegen Annahme linearen Verhaltens beschränkt sein

$$y_0 = y(t)_{max} - y(t)_{min} \leqq y_{0,max}. \qquad (1.2-2)$$

4) Das *Störsignal* $y_z(t)$ setzt sich im allgemeinen aus mehreren Komponenten zusammen, die man wie folgt unterscheiden kann, vgl. Bild 1.4.

   a) Höherfrequente quasistationäre stochastische Störsignalkomponente $n(t)$ mit $E\{n(t)\} = 0$. Höherfrequente determinierte Signale mit $\overline{n(t)} = 0$.

   b) Niederfrequente nichtstationäre stochastische oder determinierte Störsignalkomponente $d(t)$.

   c) Störsignalkomponente unbekannten Charakters $h(t)$.

   d) $y_z(t) = n(t) + d(t) + h(t)$. $\qquad (1.2-3)$

Dabei soll angenommen werden, daß in der stets beschränkten Meßzeit die Störkomponente $n(t)$ als stationäres Signal betrachtet werden kann. Die niederfrequente Störsignalkomponente $d(t)$ wird dann, sofern sie stochastischen Charakter hat, in diesem Zeitabschnitt als nichtstationär zu behandeln sein. Zu den determinierten niederfrequenten Störsignalen zählen z.B. Drift und periodische Signale, letztere mit Periodendauern von z.B. einem Tag oder einem Jahr. Störsignalkomponenten unbekannten Charakters $h(t)$ seien regellos auftretende Signale, die auch für sehr lange Meßzeiten nicht als stationäre stochastische Signale beschreibbar sind. Hierzu gehören z.B. plötzlich auftretende, bleibende oder wieder verschwindende Störungen, "Ausreißer" usw. Diese Störungen können z.B. durch plötzliche Parameteränderungen des Prozesses oder durch Störungen in der Meßeinrichtung entstehen.

Identifikationsverfahren sollten den Einfluß aller Störsignalkomponenten eliminieren können. Zur Elimination von $n(t)$ reicht im allgemeinen schon eine einfache Mittelwertbildung oder eine Regression aus. Für

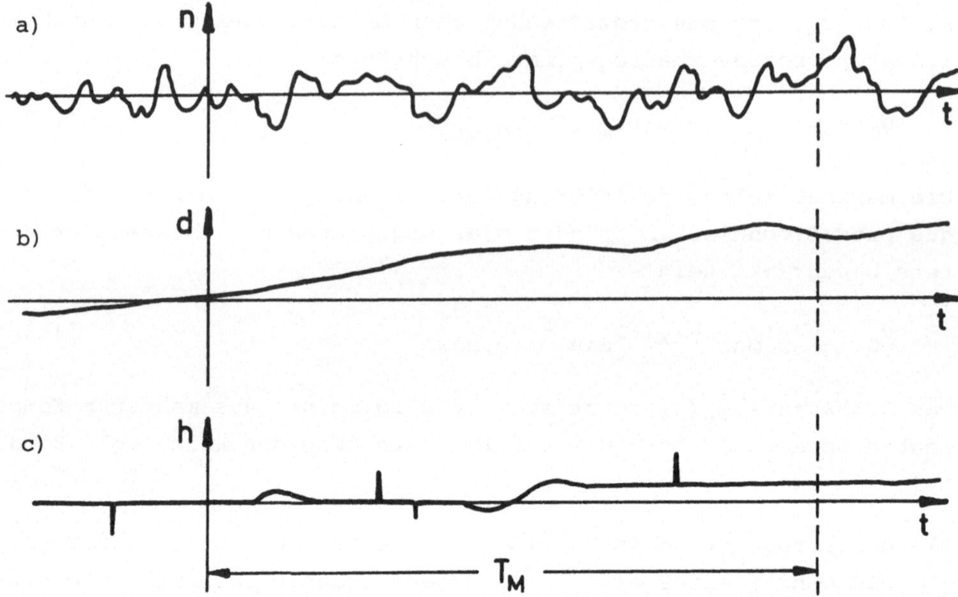

Bild 1.4 Beispiele von Störsignalkomponenten

a) hochfrequentes quasistationäres stochastisches Störsignal,
b) niederfrequentes nichtstationäres stochastisches Störsignal,
c) Störsignale unbekannten Charakters.

die Komponente d(t) benötigt man jedoch besondere Filter oder Regressionsverfahren, die dem jeweiligen Störsignaltyp angepaßt sein müssen.
Zum Eliminieren von h(t) kann nichts Allgemeines angegeben werden.
Meistens können die mit Komponenten dieser Art gestörten Signalverläufe zur Auswertung nicht verwendet werden und müssen vorher "von
Hand" aussortiert werden.

Leistungsfähige Identifikationsverfahren müssen also das zeitliche
Verhalten eines Prozesses bei

   - gegebenem Störsignal $y_z(t) = n(t) + d(t) + h(t)$
   - beschränkter Meßzeit $T_M \leq T_{M,max}$
   - beschränkter Testsignalhöhe $u_O \leq u_{O,max}$
   - beschränktem Ausgangssignal $y_O \leq y_{O,max}$
   - unter Beachtung des Anwendungszweckes

so genau wie möglich ermitteln. Bezeichnet man mit δ ein Fehlermaß zwischen dem identifizierten Modell und dem wirklichen Prozeß,
dann gilt für ein "bestes" Identifikationsverfahren

$$y_z(t) \epsilon M_{yz} \wedge T_M \epsilon (O, T_{M,max}] \wedge u_O \epsilon [O, u_{O,max}] \wedge y_O \epsilon [O, y_{O,max}]$$

$$\wedge \min \delta$$

Hierbei sei die Menge aller Störsignale $M_{yz}$ durch Gl.(1.2-3) gegeben.

Falls der zu identifizierende Prozeß mehrere meßbare Eingangssignale $u_1(t)$, $u_2(t)$,..., $u_K(t)$, aber nur ein einziges Ausgangssignal $y(t)$ besitzt, Bild 1.5, dann liegen bei linearen Prozessen prinzipiell dieselben Probleme vor, wie bei einem einzigen Eingang. Man kann dann entweder einen Eingang nach dem anderen anregen und jeden Übertragungskanal für sich identifizieren oder alle Eingänge zugleich mit nicht miteinander korrelierten Signalen. Im letzten Falle erhöht sich allerdings das jeweilige Störsignal/Nutzsignal-Verhältnis wesentlich.

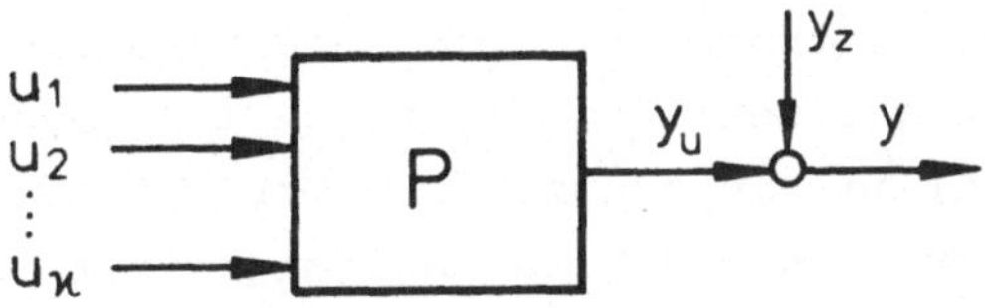


Bild 1.5 Gestörter linearer Prozeß mit mehreren Eingängen und einem Ausgang

Dieselben Möglichkeiten gibt es auch bei linearen Mehrgrößenprozessen mit mehreren Ein- und Ausgängen, Bild 1.6, wenn man einen Ausgang nach dem anderen betrachtet.

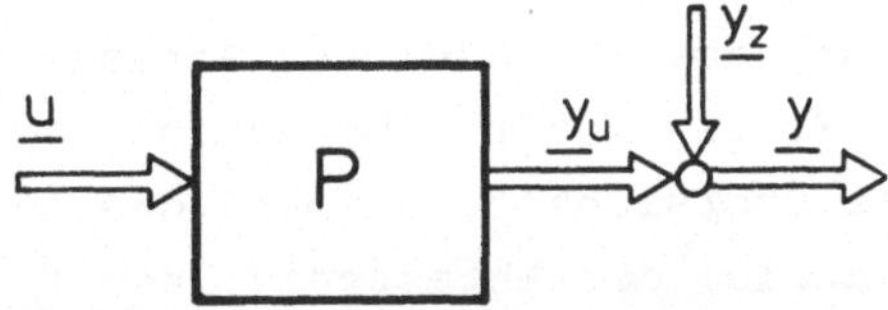


Bild 1.6 Gestörter linearer Prozeß mit mehreren Eingängen und mehreren Ausgängen

$$\underline{u}^T = [u_1, ..., u_K]$$
$$\underline{y}^T = [y_1, ..., y_\xi].$$

Wenn die innere Struktur von Mehrgrößenprozessen jedoch nicht bekannt ist, dann erhöhen sich die Schwierigkeiten besonders bei der Identifikation parametrischer Modelle wesentlich.

Wenn Ein- und Ausgangssignal, nicht wie bisher angenommen, fehlerfrei gemessen werden können, dann kann man dies bei additiv überlagerten Meßfehlern (z.B. zufälligen Meßfehlern durch Unvollkommenheit der

Meßgeräte oder durch Umwelteinflüsse), wie in Bild 1.7 gezeigt, berücksichtigen.

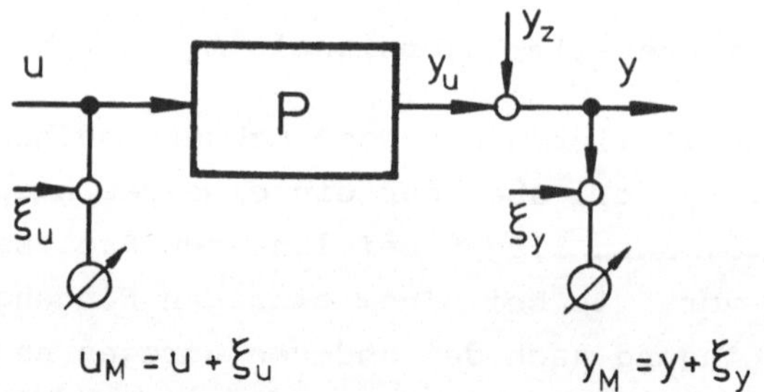


Bild 1.7 Gestörter linearer Prozeß mit gestörten Messungen
         von Ein- und Ausgangssignal.

Meßfehler $\xi_y(t)$ im Ausgangssignal können als ein zusätzlich zu $y_z(t)$ wirkendes Störsignal betrachtet werden und verursachen keine prinzipiell neuen Schwierigkeiten. Problematisch ist jedoch das Auftreten von Meßfehlern $\xi_u(t)$ im Eingangssignal. Der Prozeß ist dann nicht mehr identifizierbar, wenn auch das Ausgangssignal gestört ist, also $y_z(t) + \xi_y(t) \neq 0$.

Eine Prozeßidentifikation läuft im allgemeinen in folgenden Schritten ab:

1. Aufstellen der Anforderungen an das identifizierte Modell in bezug
   auf seinen Anwendungszweck (Modellstruktur, Genauigkeit)

2. Planung der Messungen
   (Sammlung aller A-priori-Kenntnisse, Anpassung an die Eigenschaften der Meß- und Stellglieder, Abschätzung von Amplitude und Frequenzspektrum der Störsignale, Auswahl des Identifikationsverfahrens, der Testsignale, der Abtastzeit, usw.)

3. Durchführung der Messungen

4. Auswertung der gemessenen Daten
   (Identifikation, Parameterschätzung, Schätzung der Ordnung)

5. Überprüfung des identifizierten Modells
   (z.B. durch Vergleich mit einem theoretisch ermittelten Modell
   oder durch Vergleich der gemessenen Signale mit den über das Modell berechneten Signalen)

6. Eventuell Wiederholung ab 3. oder 4.

Sehr selten wird das identifizierte Modell in einem Zug erhalten. Meistens muß man das Modell iterativ ermitteln, wie unter 6. angegeben.

## 1.3 Klassifikation von Identifikationsverfahren

Nach der im letzten Abschnitt vereinbarten Definition des Begriffes
Identifikation lassen sich die Identifikationsverfahren unterscheiden
nach
- Klassen von mathematischen Modellen
- Klassen der verwendeten Signale
- Fehler zwischen Prozeß und seinem Modell.

Es ist jedoch zweckmäßig, zusätzlich noch zwei weitere Merkmale zu
betrachten:
- Verwendete Algorithmen
- Ablauf von Messung und Auswertung (on-line, off-line).

Somit ergibt sich für kontinuierliche Prozesse ein Klassifikations-
schema nach Tabelle 1.1. Die hierzu verwendeten Begriffe lassen sich
wie folgt beschreiben.

a) *Mathematische Modelle* für das dynamische Verhalten von Prozessen
sind Funktionen zwischen Ein- und Ausgangsgrößen bzw. Funktionen
zwischen Zustandsgrößen. Mathematische Modelle können deshalb analytisch, in Form einer Gleichung definiert sein oder aber in Form einer
Wertetafel oder Kurve. Im ersten Fall sind die Parameter eines Modells
in der Gleichung explizit enthalten, im zweiten Fall aber nicht. Da
die Parameter eines Modells bei der Identifikation eine besondere Rolle spielen, sollen zunächst zwei Klassen von mathematischen Modellen
unterschieden werden
- parametrische Modelle (Modelle mit Struktur)
- nichtparametrische Modelle (Modelle ohne Struktur).

Parametrische Modelle sind also Gleichungen, die die Parameter expli-
zit enthalten. Beispiele sind Differentialgleichungen oder Übertragungs-
funktionen in Form eines algebraischen Ausdrucks. Nichtparametrische
Modelle geben meist eine Funktion zwischen einem bestimmten Verlauf
der Eingangsgröße und der Ausgangsgröße in Form einer Wertetafel oder
Kurve an, wie z.B. Gewichtsfunktionen, Übertragungsfunktionen oder
Übergangsfunktionen in tabellarischer oder graphischer Darstellung.
Sie enthalten die Parameter implizit.

Tabelle 1.1          Zur Klassifikation von Identifikationsverfahren für kontinuierliche Prozesse

| Identifikationsverfahren | | | | Fourier Analyse | Korrel., Spektral-Analyse | Modell-Abgleich (analog) | Parameter-Schätzung |
|---|---|---|---|---|---|---|---|
| Modell | nichtparam. | kont. Signale | | 2 | 2 | O | O |
| | | diskr. Signale | | O | 2 | O | O |
| | parametrisch | kont. Signale | | O | O | 2 | 1 |
| | | diskr. Signale | | O | O | O | 2 |
| Signale | Testsignale | determiniert | nichtperiod. | 2 | O | 1 | 1 |
| | | | periodisch | 2 | 2 | 1 | 1 |
| | | pseudostoch. | | O | 2 | 1 | 2 |
| | | stochastisch | | O | 2 | 2 | 2 |
| | zulässige Störsignale | determiniert | | 1 | 1 | 1 | 1 |
| | | stochastisch | | 2 | 2 | 2 | 2 |
| Fehler (zwischen Modell und Prozeß) | Ausgangs-fehler | | | O | O | 2 | 1 |
| | Eingangs-fehler | | | O | O | O | O |
| | Verallgem. Fehler | | | O | O | 1 | 2 |
| Algorithmen | Direkte Schätzung | nichtrekursiv | | 2 | 2 | 2 | 2 |
| | | rekursiv | | 1 | 1 | 1 | 2 |
| | Iterative Schätzung | nichtrekursiv | | O | O | O | 2 |
| | | rekursiv | | O | O | O | 1 |
| Messung, Auswertung | on-line | | | O | 1 | 2 | 1 |
| | off-line | | | 2 | 2 | O | 2 |

Bewertung zur Eignung und bisherigen Anwendung der Identifikationsverfahren:   O: "Null" "unbedeutend" "unbekannt"   1: "klein" "wenig" "selten"   2: "groß" "viel" "häufig"

Man könnte auch die Funktionswerte z.B. einer Gewichtsfunktion als
"Parameter" auffassen. Dann würde man im allgemeinen jedoch unendlich
viele "Parameter" zur Beschreibung des dynamischen Verhaltens brauchen,
also ein Modell mit unendlich großer Dimension. Die hier als parame-
trisch bezeichneten Modelle enthalten dagegen eine endliche Zahl von
Parametern.

Beide Hauptklassen von Modellen lassen sich weiter unterteilen nach
der Art der Ein- und Ausgangssignale: kontinuierliche Signale oder
diskrete (abgetastete Signale), vgl. Tabelle 1.1.

b) Die betrachteten *Eingangssignale* (Testsignale) können determiniert
(analytisch beschreibbar), stochastisch (regellos) oder pseudostochas-
tisch (Eigenschaften wie stochastische Signale, aber determiniert) sein.

Zur Klassifikation der Identifikationsverfahren sollen in Tabelle 1.1
nur *Störsignale* mit Erwartungswert Null betrachtet werden. Die Elimination von anderen Störsignalen erfordert im allgemeinen besondere
Verfahren.

c) Als *Fehler* zwischen Modell und Prozeß werden in bezug auf die Ableitung eines Identifikationsverfahrens verwendet, vgl. Bild 1.8

   - Fehler des Ausgangssignals,
   - Fehler des Eingangssignals,
   - Verallgemeinerter Fehler.

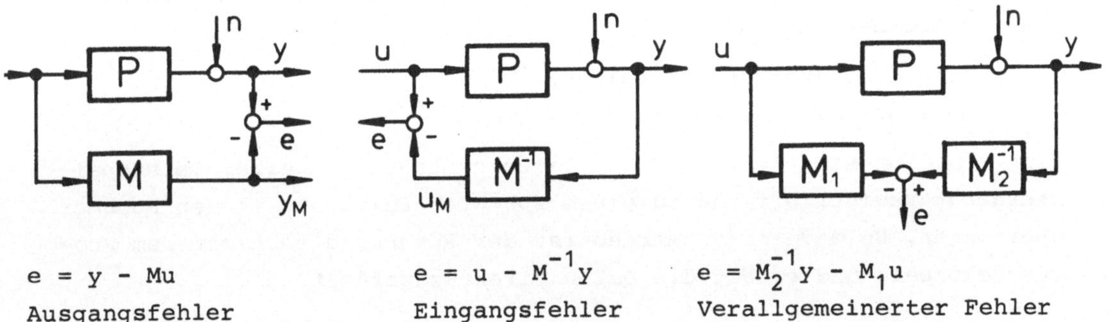

$$e = y - Mu$$
Ausgangsfehler

$$e = u - M^{-1}y$$
Eingangsfehler

$$e = M_2^{-1}y - M_1 u$$
Verallgemeinerter Fehler

Bild 1.8 Zur Bildung des Fehlers zwischen Modell M und Prozeß P.

Aus mathematischen Gründen werden im allgemeinen diejenigen Fehler
bevorzugt, die linear von den Modellparametern abhängen. Deshalb verwendet man den Ausgangsfehler, wenn z.B. Gewichtsfunktionen als Modell verwendet werden und den verallgemeinerten Fehler für Differentialgleichungen, Differenzengleichungen oder Übertragungsfunktionen.

d) Bei Parameter-Identifikationsverfahren unterscheidet man

    - Algorithmen für direkte Schätzung
    - Algorithmen für iterative Schätzung

der Parameter. Algorithmen für *direkte* Schätzung ermitteln die Parameter in einem Zug. Der aus den Ein- und Ausgangssignalwerten bestehende Datensatz muß hierzu nur einmal verarbeitet werden. Die Algorithmen für die *iterative* Schätzung suchen die Parameter dagegen schrittweise, also iterativ. Hierzu muß der Datensatz mehrfach verarbeitet werden.

Die Algorithmen können ferner

    - nichtrekursive Algorithmen
    - rekursive Algorithmen

sein. Die nichtrekursiven Algorithmen berechnen die Parameter aus dem ganzen, vorher gespeicherten Datensatz nur einmal, während die rekursiven Algorithmen die Parameter nach jedem neu gemessenen Datenpaar berechnen. Bei den rekursiven Algorithmen ist eine Speicherung des Datensatzes nicht erforderlich. Das neueste Datenpaar wird stets zur Verbesserung der Parameterschätzung des letzten Schritts benutzt. Rekursive Algorithmen sind besonders zweckmäßig bei der Identifikation von zeitvarianten Prozessen.

e) Wenn Digitalrechner bzw. Prozeßrechner zur Identifikation verwendet werden, so muß man bekanntlich zwei Arten der Kopplung von Prozeß und Rechner unterscheiden

    - off-line (indirekte Kopplung)
    - on-line (direkte Kopplung).

Beim *Off-line*-Einsatz werden die Daten zunächst mit einem Datenspeichergerät registriert und zu einem späteren Zeitpunkt in den Rechner übertragen. Beim *On-line*-Betrieb ist der Rechner direkt mit dem Prozeß gekoppelt und erhält die Daten direkt zugeführt.

In beiden Fällen können nichtrekursive Algorithmen oder rekursive Algorihmen zur Auswertung verwendet werden. Wenn beim On-line-Betrieb des Rechners mit rekursiven Algorithmen gerechnet wird, dann können Rechnung und Messung zur gleichen Zeit stattfinden und man erhält das identifizierte Modell in Echtzeit. Dieser Fall wird im allgemeinen mit *On-line-Identifikation* bezeichnet.

Mit Hilfe dieser Begriffe lassen sich die meisten Identifikationsverfahren klassifizieren. In Tabelle 1.1 wurde versucht, die einzelnen Klassifikationsmerkmale den wichtigsten Gruppen von Identifikationsverfahren, für die Digitalrechner verwendet werden, zuzuordnen. Die eingetragenen Ziffern geben an, in welchem Maße die einzelnen Modelle, Signale, Fehler und Algorithmen bei den jeweiligen Identifikationsverfahren vorkommen.

Dabei wurden die Identifikationsverfahren in vier Gruppen zusammengefaßt

- Fourieranalyse
- Korrelationsanalyse, Spektralanalyse
- Modellabgleich
- Parameterschätzung.

Einige charakteristische Merkmale dieser Verfahren sind auch in Bild 1.9 dargestellt.

Die *Fourieranalyse* wird hauptsächlich für lineare Prozesse mit kontinuierlichen Signalen zur Ermittlung des Frequenzganges angewandt. Sie ist ein transparentes Verfahren mit kleinem Rechenaufwand und empfiehlt sich für Prozesse mit relativ kleinem Störsignal/Testsignal-Verhältnis.

Die *Korrelationsanalyse* arbeitet im Zeitbereich und ist für lineare Prozesse sowohl mit kontinuierlichen als auch diskreten Signalen geeignet. Zulässige Eingangssignale sind stochastische oder periodische Signale. Als Ergebnis erhält man Korrelationsfunktionen bzw. als Sonderfall, Gewichtsfunktionen. Korrelationsverfahren werden bei Prozessen mit großem Störsignal/Testsignal-Verhältnis bevorzugt angewandt. Der Rechenaufwand ist gering.

Die *Spektralanalyse* wird unter denselben Bedingungen wie die Korrelationsanalyse verwendet. Die Auswertung geschieht jedoch über den Frequenzbereich. Es werden Spektraldichten berechnet. Das Ergebnis sind Frequenzgangwerte.

Fourieranalyse, Korrelationsanalyse und die Spektralanalyse liefern nichtparametrische Modelle. Als A-priori-Information muß nur bekannt sein, daß der Prozeß linearisierbar ist. Eine bestimmte Modellstruktur muß nicht angenommen werden. Deshalb eignen sich diese nichtparametrischen Verfahren sowohl für Prozesse mit konzentrierten als auch verteilten Parametern mit beliebig komplizierter Struktur. Sie werden

| Identifikations-verfahren | | Blockschaltbild | Modell | A priori Kenntnis | Eingangs-signale |
|---|---|---|---|---|---|
| Nichtparametrische Verfahren | Fourier-Analyse | 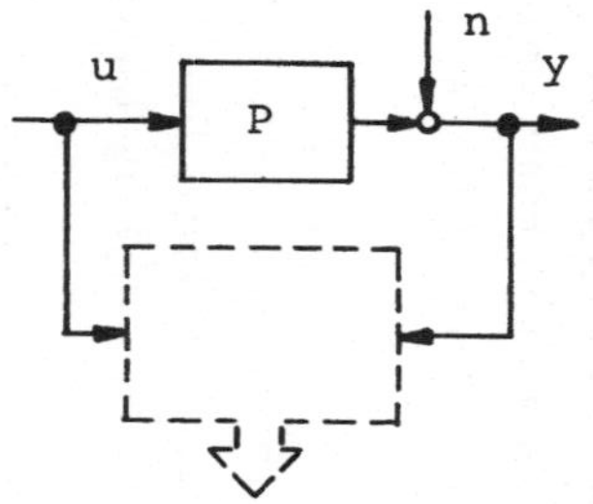 | $G(i\omega_\nu)$ für $0 \leqq \omega_\nu \leqq \omega_{max}$ | Prozeß linear | determiniert nichtperiod. periodisch |
| | Spektral-Analyse | $G(i\omega)$ ; $g(\tau)$ | | | stochastisch pseudostoch. periodisch |
| | Korrelations-Analyse | | $\left.\begin{array}{l}\Phi_{uu}(\tau)\\[4pt]\Phi_{uy}(\tau)\end{array}\right\}$ $g(\tau)$ für $0 \leqq \tau \leqq \tau_{max}$ | | |
| Parametrische Verfahren | Modell-abgleich | 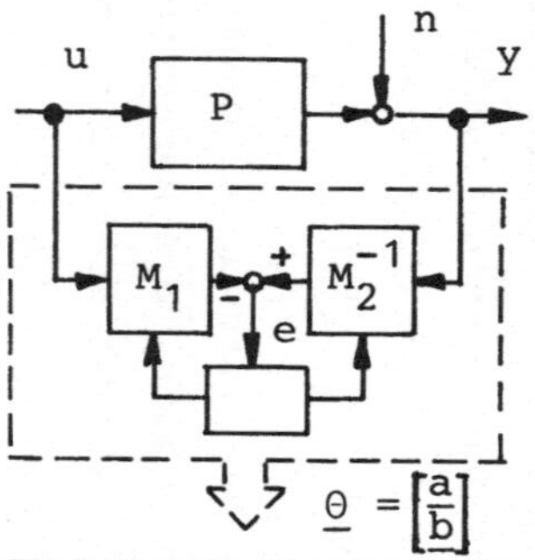 | $y(t) + a_1 y'(t) + \ldots + a_m y^{(m)}(t)$ $=b_0 u(t) + b_1 u'(t) + \ldots + b_m u^{(m)}(t)$ (analog realisiertes Modell) | Modell-struk-tur | — stochastisch pseudostoch. determniert |
| | Para-meter-schät-zung direkt / iterativ | $\underline{\theta} = \left[\dfrac{a}{b}\right]$ | $y(k) + a_1 y(k-1) + \ldots + a_m y(k-m)$ $=b_0 u(k) + b_1 u(k-1) + \ldots + b_m u(k-m)$ | — $p(e\,|\,\underline{\theta})$ | |

Bild 1.9 Einige charakteristische Merkmale der wichtigsten Identifikationsverfahren, für die Digitalrechner verwendet werden

bevorzugt zur Überprüfung theoretisch abgeleiteter Modelle verwendet,
denn dann ist man besonders daran interessiert, keine bestimmte Modellstruktur annehmen zu müssen.

Bei den parametrischen Identifikationsverfahren muß eine bestimmte
Modellstruktur angenommen werden. Die Parameter des Modells werden so
ermittelt, daß ein Fehlersignal zwischen Prozeß und Parametern minimiert wird.

Die *Modellabgleichverfahren* wurden für analog realisierte Modelle mit
kontinuierlichen Signalen entwickelt. Sie liefern nach Annahme einer
bestimmten Modellstruktur die Parameter von Differentialgleichungen.
Für die Eingangssignale gilt meist nur die Voraussetzung, daß alle
interessierenden Eigenfrequenzen des Prozesses genügend angeregt werden. Die Modellabgleichverfahren werden besonders bei adaptiven Regelsystemen eingesetzt, haben jedoch zugunsten der Parameterschätzverfahren an Bedeutung verloren.

Bei den *Parameterschätzverfahren* existiert das Modell nur in den
Gleichungen zur Ableitung des Algorithmus. Es gibt sowohl Parameterschätzverfahren für diskrete als auch für kontinuierliche Signale.
Die Eingangssignale können im allgemeinen beliebige Form haben, sofern die interessierenden Eigenfrequenzen des Prozesses fortlaufend
angeregt werden. Als Fehlersignal zwischen Prozeß und Modell wird
meist der verallgemeinerte Fehler, aber auch der Ausgangsfehler verwendet, vgl. Bild 1.8. Einfache Schätzalgorithmen ergeben sich dann,
wenn das Fehlersignal linear von den Parametern abhängt. Man unterscheidet direkte und iterative Schätzalgorithmen, die die Parameter
nichtrekursiv oder rekursiv berechnen.

Parameterschätzverfahren, die diskrete parametrische Modelle liefern,
werden besonders dann verwendet, wenn die Synthese von Regelalgorithmen oder die Simulation der Prozesse Anwendungszweck sind oder wenn
ein Prozeßrechner zur Identifikation benutzt werden kann.

Prinzipielle Unterschiede in der Genauigkeit des Ergebnisses eines
nichtparametrischen und eines parametrischen Identifikationsverfahrens sind in Bild 1.10 zu sehen. Für ein relativ großes Störsignal/
Nutzsignal-Verhältnis ($\eta=0.2$) und eine kurze Meßzeit ($N=63$) ist der
durch Korrelationsanalyse direkt ermittelte Verlauf der Gewichtsfunktion und der aus einem geschätzten parametrischen Modell berechnete Verlauf dargestellt. Man erkennt deutlich den geglätteten und
mit der wirklichen Gewichtsfunktion besser übereinstimmenden Verlauf

der über die Parameterschätzung erhaltenen Gewichtsfunktion. Dies ist
auf die größere A-priori-Information bei der Parameterschätzung zu-
rückzuführen, denn nach Annahme·einer bestimmten Modellstruktur wird
bei den Parameterschätzverfahren eine Regression durchgeführt, die
zu einem glatten Verlauf der Gewichtsfunktion und zu einer besseren
Genauigkeit des identifizierten Modells führt, falls die Modellstruktur mit der Struktur des wirklichen Prozesses in ausreichender Weise
übereinstimmt.

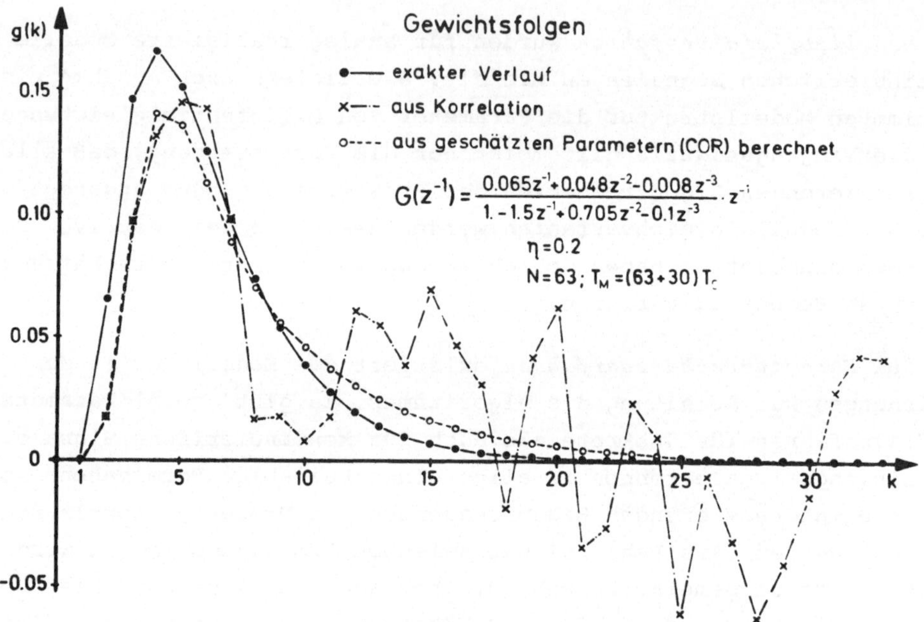


$$G(z^{-1}) = \frac{0.065z^{-1}+0.048z^{-2}-0.008z^{-3}}{1.-1.5z^{-1}+0.705z^{-2}-0.1z^{-3}} \cdot z^{-1}$$

$$\eta = 0.2$$

$$N = 63; \ T_M = (63+30)T_c$$

Bild 1.10 Identifizierte Gewichtsfunktionen nach Anwenden eines
          nichtparametrischen Identifikationsverfahrens (Korrela-
          tionsanalyse) und eines parametrischen Identifikations-
          verfahrens (Korrelation und Parameterschätzung, Kap. 13).

In Bild 1.11 ist noch einmal der Ablauf der Identifikation schematisch
dargestellt. Unter Berücksichtigung der A-priori-Kenntnisse über den
Prozeß werden die Eingangssignale ausgewählt und Ein- und Ausgangssignale gemessen. Dann schließt sich die Auswertung an. Die nichtparametrischen Identifikationsverfahren liefern unmittelbar das endgül-
tige Modell. Bei den parametrischen Identifikationsverfahren schließt
sich, wenn die richtige Modellstruktur im voraus nicht bekannt ist,
eine iterative Suche der Modellordnung und Totzeit an: die Parameterschätzung wird mit verschiedenen Ordnungen und Totzeiten solange wie-
derholt, bis sich eine beste Übereinstimmung zwischen Prozeß und Modell ergibt.

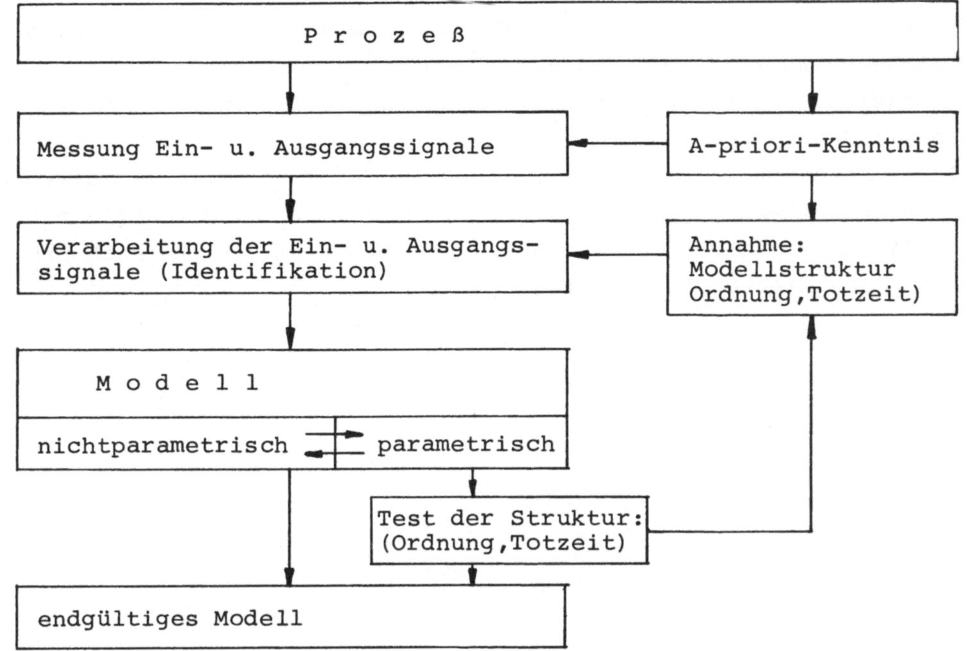


Bild 1.11 Interner Ablauf einer Prozeßidentifkation

Bisher wurden die nichtparametrischen und die parametrischen Identifikationsverfahren immer getrennt betrachtet. Es ist auch möglich, beide
Verfahren zu kombinieren und an die Identifikation eines nichtparametrischen Modelles eine Parameterschätzung anzuschließen oder aus einem
identifizierten parametrischen Modell ein nichtparametrisches Modell
zu berechnen.

Dieser Band behandelt moderne Identifikationsverfahren, die zum Einsatz von Digitalrechnern geeignet sind. Die einfachen Verfahren zur
direkten Kennwertermittlung aus gemessenen Übergangsfunktionen, die
direkte Frequenzgangmessung, die Fourieranalyse und die Modellabgleichverfahren werden nicht behandelt. Sie sind z.B. in Isermann (1971a)
beschrieben. Infolge der seriellen Arbeitsweise der Digital- und Prozeßrechner, können nur abgetastete Signale verarbeitet werden. Deshalb werden in diesem Band ausschließlich *zeitdiskrete Signale* verwendet.

Es wird die Identifikation *kontinuierlicher Prozesse* behandelt.
Dabei zeigt die Identifikation von *nichtparametrischen Modellen*
in Form einer Gewichtsfunktion keine prinzipiellen Unterschiede
für kontinuierliche oder diskrete Signale. Bei der Identifikation
*parametrischer Modelle* ergeben sich jedoch verschiedene Algorithmen
für Modelle mit kontinuierlichen Signalen (Differentialgleichungen,

s-Übertragungsfunktionen) und diskreten Signalen (Differenzengleichung,
z-Übertragungsfunktionen). Zum Einsatz von Prozeßrechnern für die Messung, Regelung, Überwachung und Optimierung ist man jedoch mehr an Modellen mit diskreten Signalen interessiert. Deshalb werden die Verfahren
zur Identifikation parametrischer Modelle nur für Modelle mit diskreten
Signalen beschrieben. Die Identifikation parametrischer Modelle mit kontinuierlichen Signalen kann auch bei Verwendung von Digitalrechnern nach
den Modellabgleichverfahren erfolgen.

# 2. Zeitdiskrete Signale und Prozesse

Die grundlegende Theorie linearer Systeme mit zeitkontinuierlichen
und zeitdiskreten, determinierten und stochastischen Signalen werde
als bekannt vorausgesetzt. Die wichtigsten in diesem Band benötigten Begriffe und Gleichungen für zeitdiskrete Signale und Prozesse
werden jedoch zur Erinnerung und zur Vereinbarung der Schreibweise
in knapper Form zusammengestellt. Für ein ausführliches Studium sei
auf die jeweils angegebene Literatur verwiesen.

Anstelle des korrekten Ausdrucks "zeitdiskret" werde der Kürze halber später nur noch "diskret" verwendet.

Unter zeitdiskreten Signalen seien nach der Zeit quantisierte Signale verstanden. Am meisten sind amplitudenmodulierte zeitdiskrete
Signale verbreitet, die einer linearen Behandlung zugängig sind. Diese Signale treten nach Abtasten stetiger Signale durch einen Abtaster
auf. Der Abtaster tastet die Signalwerte eines stetigen Signales zu
diskreten Zeitpunkten ab. Zur Identifikation wird bisher ausschließlich die äquidistante Abtastung mit konstanter Abtastzeit $T_O$ verwendet. Das zeitdiskrete Signal ist dann wie folgt definiert

$$
\left.\begin{aligned}
x_T &= x(kT_O) \quad \text{für } t = kT_O \\
x_T &= 0 \quad\quad\ \ \text{für } kT_O < t < (k+1)T_O
\end{aligned}\right\} \quad k = 0,1,2,\ldots \quad\quad (2.1-1)
$$

Unter *determinierten* (oder deterministischen) *Signalen* seien Signale
verstanden, deren zeitlicher Ablauf analytisch beschreibbar und exakt
voraussagbar ist. Bei *stochastischen Signalen* sind im allgemeinen nur
die Verteilungsdichten der Amplituden bekannt. Ihr zeitlicher Verlauf
kann deshalb nicht analytisch beschrieben und die Signalwerte können
nicht exakt vorausgesagt werden.

## 2.1 Determinierte Signale und Prozesse

### 2.1.1 <u>Determinierte diskrete Signale</u>

Amplitudenmodulierte diskrete Signale können auf verschiedene Weise mathematisch beschrieben werden. In einer *diskreten Funktion*

$$x_T(t) = x(kT_O) = f(kT_O) = f(k) \qquad (2.1\text{-}2)$$

wird das diskrete Signal als Funktion der diskreten Zeit $kT_O$ bzw. k ausgedrückt.

Eine *Differenzengleichung*

$$x(k) + a_1 x(k\text{-}1) + ... + a_m x(k\text{-}m)$$
$$= b_O w(k) + b_1 w(k\text{-}1) + ... + b_m w(k\text{-}m) \qquad (2.1\text{-}3)$$

beschreibt das diskrete Signal x(k) als Funktion seiner vergangenen Werte x(k-1),..., x(k-m) und als Funktion des momentanen Wertes w(k) und vergangener Werte w(k-1),..., w(k-m) eines anderen, bekannten diskreten Signales w(k).

Ein amplitudenmoduliertes zeitdiskretes Signal läßt sich ferner in Form einer $\delta$ - *Impulsfolge*

$$x^*(t) = \sum_{k=O}^{\infty} x(k)\, \delta(t\text{-}kT_O) \qquad (2.1\text{-}4)$$

darstellen, wobei die Flächen der entstehenden $\delta$-Impulse proportional zum Signalwert x(k) sind. Gl.(2.1-4) wird üblicherweise abgeleitet mit der Bedingung, daß die $\delta$-Impulse gleiche Flächen haben wie die bei realen Schaltern mit endlicher Schaltdauer entstehenden Impulse. Man kann jedoch "ideale Abtaster" mit infinitesimal kleiner Abtastdauer annehmen, sodaß sich dann Gl.(2.1-4) ergibt, wenn man die meist nicht interessierende Abtastdauer durch 1 ersetzt.

Durch Laplacetransformation der $\delta$-Impulsfolge erhält man eine Beschreibung diskreter Signale im Frequenzbereich

$$x^*(s) = \sum_{k=O}^{\infty} x(k)\, e^{-kT_O s} \qquad (2.1\text{-}5)$$

wobei

$$s = \delta + i\omega \qquad (2.1\text{-}6)$$

die komplexe Variable mit Dämpfungsfaktor $\delta$ und Kreisfrequenz $\omega$ ist.

$x^*(s)$ ist periodisch mit

$$\omega_O = 2\pi/T_O. \tag{2.1-7}$$

$$x^*(s+i\ell\omega_O) = x^*(s) \qquad \ell = 1,2,3,\ldots \tag{2.1-8}$$

Mit der Abkürzung

$$z = e^{T_O s} \tag{2.1-9}$$

entsteht die *z-Transformierte* des diskreten Signals

$$x(z) = \mathcal{Z}\{x(k)\} = \sum_{k=O}^{\infty} x(k)\, z^{-k}. \tag{2.1-10}$$

Die z-Rücktransformation lautet

$$x(k) = \mathcal{Z}^{-1}\{x(z)\} = \frac{1}{2\pi i} \oint x(z)\, z^{k-1} dz \tag{2.1-11}$$

Die Integration erfolgt dabei auf einem Kreis mit dem Radius $e^{\delta}$.

Die Theorie determinierter zeitdiskreter Signale wird z.B. in Ackermann
(1972), Kuo (1970), Leonhard (1972), Lindorff (1965), Strejc (1967),
Thoma (1973) behandelt.

## 2.1.2 Prozesse mit determinierten diskreten Signalen

Bezeichnet man mit $u(k)$ das Eingangssignal und mit $y(k)$ das Ausgangssignal eines kontinuierlichen, linearen und zeitinvarianten Prozesses,
dann wird sein zeitliches Verhalten durch eine *Differenzengleichung*

$$\begin{aligned}
&a_O y(k) + a_1 y(k-1) + \ldots + a_m y(k-m) \\
&= b_O u(k) + b_1 u(k-1) + \ldots + b_m u(k-m)
\end{aligned} \tag{2.1-12}$$

in Form eines parametrischen Modells beschrieben. Das zeitliche Verhalten kann auch durch die Gewichtsfunktion $g(k)$ in Form eines nichtparametrischen Modells angegeben werden. Aus- und Eingangsgröße sind
dann durch die Faltungssumme

$$y(k) = \sum_{q=O}^{\infty} u(q)\, g(k-q) = \sum_{q=O}^{\infty} u(k-q)\, g(q) \tag{2.1-13}$$

verknüpft.

Nach Einführen eines Zustandsgrößenvektors

$$\underline{x}^T(k) = [x_1(k), \ x_2(k), \ldots, \ x_m(k)]$$

kann die Differenzengleichung als *Vektordifferenzengleichung* angegeben
werden

$$\underline{x}(k+1) = \underline{A}\ \underline{x}(k) + \underline{b}\ u(k)$$
$$y(k) = \underline{c}^T\ \underline{x}(k) + d\ u(k)$$

(2.1-14)

Hierbei ist $\underline{A}$ die Systemmatrix, $\underline{b}$ der Steuervektor und $\underline{c}$ der Ausgangs-
vektor. Wird die Differenzengleichung einer z-Transformation unter-
worfen, dann erhält man die *diskrete Übertragungsfunktion* oder *z-Übertragungsfunktion*

$$G(z) = \frac{y(z)}{u(z)} = \frac{b_o + b_1 z^{-1} + \ldots + b_m z^{-m}}{a_o + a_1 z^{-1} + \ldots + a_m z^{-m}}$$

(2.1-15)

Zur Ableitung dieser grundlegenden Gleichungen sei auf folgende Bücher
verwiesen: Ackermann (1972), Leonhard (1972), Kuo (1970), Thoma (1973).


## 2.2 Stochastische Signale und Prozesse

### 2.2.1 Stochastische diskrete Signale

Stochastische Signale sind regellose Signale, die nicht exakt beschrieben und vorausgesagt werden können. Es lassen sich jedoch innere Zusammenhänge der Signalwerte beschreiben.

Auf Grund des regellosen Charakters existiert für ähnliche stochastische Signale, die aus statistisch identischen Signalquellen entstehen,
nicht nur eine einzige Realisierung einer Zeitfunktion $x_1(k)$, sondern
ein ganzes *Ensemble* (eine Familie) von Zufallszeitfunktionen

$$\{x_1(k), \ x_2(k), \ldots, \ x_n(k)\}.$$

Dieses Ensemble von Signalen ist ein *stochastischer Prozeß* (Signal-
prozeß). Eine einzige Zufallsfunktion $x_i(k)$ wird *Musterfunktion* genannt.

### Statistische Beschreibung

Jede Musterfunktion $x_i(k)$ bestehe aus N Signalwerten $x(1)$, $x(2)$, ...,
$x(N)$. Für *einen bestimmten Zeitpunkt* $k = \nu$ werden dann die statistischen

Eigenschaften des stochastischen Prozesses durch die *Verteilungsdichte-funktion* (oder Wahrscheinlichkeitsdichtefunktion) seiner Amplitude x

$$p[x_i(\nu)] \quad \left\{ \begin{array}{l} i = 1,2,\ldots, n \\ \nu = 1,2,\ldots, N \end{array} \right.$$

beschrieben.

Innere Zusammenhänge werden durch die *Verbundverteilungsdichte* für *verschiedene Zeitpunkte* ausgedrückt. Für zwei Zeitpunkte $k_1$ und $k_2$ gilt dann die zweidimensionale Verbundverteilungsdichte

$$p[x(k_1), x(k_2)] \quad k_1 = 1,2,\ldots, N; \ k_2 = 1,2,\ldots, N,$$

die die Wahrscheinlichkeitsdichte für das Eintreffen der beiden Signalwerte $x(k_1)$ *und* $x(k_2)$ angibt. Entsprechend verwendet man für das Eintreffen von m Signalwerten zu den Zeitpunkten $k_1, k_2,\ldots, k_m$ die m-dimensionale Verbundverteilungsdichte

$$p[x(k_1), x(k_2),\ldots, x(k_m)].$$

Ein stochastischer Prozeß $\{x(k)\}$ ist dann statistisch vollständig beschrieben, wenn die Verteilungsdichte und alle Verbundverteilungsdichten für m= 2,3,\ldots, N für alle $k_i = 1,2,\ldots, N$ bekannt sind.

Bisher wurde angenommen, daß die Verteilungsdichte und die Verbundverteilungsdichten Funktionen der der Zeit $k_i$ sind. Der stochastische Prozeß ist dann *nichtstationär*.

Für sehr viele Anwendungsfälle ist es nicht erforderlich, diese weitgefaßte Definition eines stochastischen Prozesses zu verwenden. Deshalb seien im folgenden nur noch bestimmte Klassen stochastischer Prozesse betrachtet.

## Stationäre Prozesse

Ein stochastischer Prozeß ist *stationär im strengen Sinn*, wenn alle Verteilungsdichten unabhängig von einer Zeitverschiebung der Signale sind. Durch Bilden des *Erwartungswertes*

$$E\{f(x)\} = \int_{-\infty}^{\infty} f(x) \, p[x] \, dx \qquad (2.2-1)$$

können Kennwerte und Kennfunktionen stationärer Prozesse abgeleitet werden. Mit $f(x) = x^{\ell}$ erhält man als Erwartungswerte Momente der

Verteilungsdichten erster und zweiter Ordnung für $\ell = 1$ und 2.

Das Moment erster Ordnung der Verteilungsdichte ist der (lineare) *Mittelwert*

$$\overline{x} = E\{x(k)\} = \int_{-\infty}^{\infty} x(k)\ p(x)\ dx \qquad (2.2-2)$$

und das Moment zweiter Ordnung der *quadratische Mittelwert* oder die *Varianz*

$$\sigma_x^2 = E\{x^2(k)\} = \int_{-\infty}^{\infty} x^2(k)\ p(x)\ dx. \qquad (2.2-3)$$

Die zweidimensionale Verbundverteilungsdichte eines stationären Prozesses ist gemäß seiner Definition nur noch von der Zeitverschiebung $\tau = k_2 - k_1$ abhängig

$$p[x(k_1),\ x(k_2)] = p[x(k),\ x(k+\tau)] = p[x,\tau]. \qquad (2.2-4)$$

Der Erwartungswert des Produktes $x(k)\ x(k+\tau)$

$$\Phi_{xx}(\tau) = E\{x(k)x(k+\tau)\} = \int_{-\infty}^{\infty} \int_{-\infty}^{\infty} x(k)\ x(k+\tau)\ p[x,\tau]dx\ dx, \qquad (2.2-5)$$

die *Autokorrelationsfunktion*, ist dann ebenfalls nur noch eine Funktion von $\tau$.

Ein Prozeß ist *stationär im weiten Sinn*, wenn folgende aus Verteilungsdichte und der zweidimensionalen Verbundverteilungsdichte gebildeten Erwartungswerte zeitunabhängig sind

$$\left. \begin{aligned} E\{x(k)\} &= \overline{x} = \text{constant} \\ E\{x(k)x(k+\tau)\} &= \Phi_{xx}(\tau) = \text{constant}, \end{aligned} \right\} \qquad (2.2-6)$$

wenn also der Mittelwert konstant ist und die Autokorrelationsfunktion nur von der Zeitverschiebung $\tau$ abhängt.

## Ergodische Prozesse

Die bisher verwendeten Erwartungswerte werden *Ensemble-Mittelwerte* genannt, da über mehrere ähnliche Zufallssignale, die aus statistisch identischen Signalquellen entstanden, zur selben Zeit gemittelt wurde. Nach der *Ergoden-Hypothese* kann man dieselben statistischen Informationen, die man aus der Ensemble-Mittelung erhält, auch aus der Mittelung einer einzigen Musterfunktion $x(k)$ über der Zeit erhalten, falls

unendlich lange Zeitabschnitte betrachtet werden. Somit gilt für den
Mittelwert eines ergodischen Prozesses

$$\bar{x} = E\{x(k)\} = \lim_{N\to\infty} \frac{1}{N} \sum_{k=1}^{N} x(k), \qquad\qquad (2.2\text{-}7)$$

für den quadratischen Mittelwert

$$\sigma_x^2 = E\{x^2(k)\} = \lim_{N\to\infty} \frac{1}{N} \sum_{k=1}^{N} x^2(k) \qquad\qquad (2.2\text{-}8)$$

und für die Autokorrelationsfunktion

$$\Phi_{xx}(\tau) = E\{x(k)x(k+\tau)\} = \lim_{N\to\infty} \frac{1}{N} \sum_{k=1}^{N} x(k)\ x(k+\tau) \qquad\qquad (2.2\text{-}9)$$

Ergodische Prozesse sind stationär. Die Umkehrung gilt jedoch
nicht.

## Korrelationsfunktionen

Eine erste Information über die inneren Zusammenhänge stochastischer
Prozesse erhält man aus der zweidimensionalen Verbundverteilungsdich-
tefunktion und somit auch aus der Autokorrelationsfunktion. Bei
Gauss'scher Amplitudenverteilung sind dann auch alle höheren Verbund-
verteilungsdichtefunktionen bestimmt und alle inneren Zusammenhänge
beschreibbar. Deshalb begnügt man sich meist mit der Kenntnis der Autokorrelationsfunktion nach Gl.(2.2-9) zur Beschreibung der inneren
Zusammenhänge eines stationären stochastischen Signales.

Der Zusammenhang zwischen zwei verschiedenen Signalen x(k) und y(k)
wird durch die *Kreuzkorrelationsfunktion*

$$\Phi_{xy}(\tau) = E\{x(k)\ y(k+\tau)\} = \lim_{N\to\infty} \frac{1}{N} \sum_{k=1}^{N} x(k)\ y(k+\tau)$$

$$= \lim_{N\to\infty} \frac{1}{N} \sum_{k=1}^{N} x(k-\tau)\ y(k) \qquad\qquad (2.2\text{-}10)$$

beschrieben. Bisher wurden nur skalare Prozesse betrachtet. Vektorielle Prozesse werden durch eine *Korrelationsmatrix* beschrieben, siehe
Anhang.

## Kovarianzfunktionen

Bei der Bildung von Korrelationsfunktionen gehen die Mittelwerte der
Prozesse in die Funktionswerte ein. Führt man dieselben Operationen

wie bei der Bildung der Korrelationsfunktionen für die Abweichungen vom Mittelwert durch, dann erhält man Kovarianzfunktionen.

Für einen skalaren Prozeß $x(k)$ ist als *Autokovarianzfunktion* definiert

$$R_{xx}(\tau) = \text{cov } [x,\tau] = E\{[x(k)-\overline{x}]\ [x(k+\tau)-\overline{x}]\}$$
$$= E\{x(k)x(k+\tau)\} - \overline{x}^2 \qquad (2.2\text{-}11)$$

Hieraus geht mit $\tau = 0$ die Varianz hervor. Die *Kreuzkovarianzfunktion* zweier skalarer Prozesse $x(k)$ und $y(k)$ lautet

$$R_{xy}(\tau) = \text{cov } [x,y,\tau] = E\{[x(k)-\overline{x}]\ [y(k)-\overline{y}]\}$$
$$= E\{x(k)y(k+\tau)\} - \overline{x}\ \overline{y}\ . \qquad (2.2\text{-}12)$$

Vektorielle Prozesse werden durch eine *Kovarianzmatrix* beschrieben, siehe Anhang.

Falls die Erwartungswerte der Prozesse gleich Null sind, sind Korrelationsfunktionen und Kovarianzfunktionen identisch.

Unabhängige, nichtkorrelierte und orthogonale Prozesse

Die stochastischen Prozesse, $x_1(k)$, $x_2(k),\ldots,\ x_n(k)$ werden *statistisch unabhängig* genannt, wenn

$$p[x_1,\ x_2,\ldots,\ x_n] = p[x_1]\ p[x_2]\ \ldots\ p[x_n]. \qquad (2.2\text{-}13)$$

Paarweise Unabhängigkeit

$$p[x_1,x_2] = p[x_1]\ p[x_2]$$
$$p[x_1,x_3] = p[x_1]\ p[x_3]$$

bedeutet also nicht völlige statistische Unabhängigkeit. Sie hat nur zur Folge, daß die nichtdiagonalen Elemente der Kovarianzmatrix zu Null werden, sodaß die Prozesse *nichtkorreliert* sind

$$\text{cov}[x_i,x_j,\tau] = R_{x_i x_j}(\tau) = 0 \quad \text{für } i \neq j. \qquad (2.2\text{-}14)$$

Statistisch unabhängige Prozesse sind immer nichtkorreliert. Die Umkehrung gilt jedoch nicht allgemein.

Die stochastischen Prozesse werden *orthogonal* genannt, wenn sie nichtkorreliert und ihre Mittelwerte gleich Null sind, sodaß auch die nichtdiagonalen Elemente der Korrelationsmatrix zu Null werden

$$\Phi_{x_i x_j}(\tau) = 0 \quad \text{für } i \neq j. \tag{2.2-15}$$

## Gauss - Prozesse

Ein stochastischer Prozeß wird *Gauss'scher* oder *normaler Prozeß* genannt, wenn er eine Gauss'sche oder normale Amplitudenverteilung besitzt. Da die Gauss'sche Verteilungsfunktion vollkommen bestimmt ist durch die beiden ersten Momente, den Mittelwert $\bar{x}$ und die Varianz $\sigma_x^2$ werden die Verteilungsgesetze eines Gauss'schen stochastischen Prozesses durch den Mittelwert und die Kovarianzfunktion vollkommen beschrieben. Daraus folgt, daß ein Gauss'scher Prozeß, der stationär im weiten Sinne ist, auch stationär im engen Sinne ist. Aus demselben Grund sind nichtkorrelierte Gauss'sche Prozesse auch statistisch unabhängig.

Bei linearen algebraischen Operationen, beim Differenzieren oder Integrieren bleibt der Gauss'sche Charakter der Amplitudenverteilung stochastischer Prozesse erhalten.

Zur Kurzbezeichnung von Mittelwert und Streuung eines Gauss'schen Prozesses werde zukünftig

$$(\bar{x}, \sigma_x)$$

verwendet.
Beispiel: $\bar{x} = 0$; $\sigma_x = 1$: "Gauss'scher Prozeß (0,1)".

## Weißes Rauschen

Bei einem *weißen Rauschsignal* ist der jeweils momentane Signalwert $x(k)$ statistisch unabhängig von allen vergangenen Werten. Ein weißes Rauschen hat keine inneren Zusammenhänge. Besitzt das weißes Rauschen eine Gausss'sche Amplitudenverteilung, dann ist es vollständig beschrieben durch den Mittelwert

$$\bar{x} = E\{x(k)\} \tag{2.2-16}$$

und durch die Kovarianzfunktion

$$\text{cov}\,[x,\tau] = \sigma_x^2\,\delta(\tau) \tag{2.2-17}$$

wobei $\delta(\tau)$ die Kronecker-Deltafunktion

$$\delta(\tau) = \begin{cases} 1 & \text{für } \tau = 0 \\ 0 & \text{für } |\tau| \neq 0 \end{cases} \tag{2.2-18}$$

und $\sigma_x^2$ die Varianz ist. Bei Gauss'scher Amplitudenverteilung ist also ein nichtkorrelierter Prozeß ein weißes Rauschen. Man beachte, daß die Varianz eines diskreten weißen Rauschens im Unterschied zum kontinuierlichen weißen Rauschen endlich ist.

## Spektrale Darstellung

Die stochastischen Prozesse wurden bisher im Zeitbereich betrachtet. Durch Transformation in den Frequenzbereich erhält man spektrale Darstellungen.

Als *Spektraldichte* (Wirkleistungsdichte) wird die Fouriertransformierte der Autokovarianzfunktion definiert

$$S_{xx}^*(i\omega) = \sum_{\tau=-\infty}^{\infty} R_{xx}(\tau)\, e^{-i\omega T_0 \tau} \tag{2.2-19}$$

Eine andere Darstellung der Spektraldichte erhält man durch zweiseitige z-Transformation der Autokovarianzfunktion

$$S_{xx}(z) = \sum_{\tau=-\infty}^{\infty} R_{xx}(\tau)\, z^{-\tau}. \tag{2.2-20}$$

Nach dem Shannon'schen Abtasttheorem ist hierbei zu beachten

$$0 \leq \omega \leq \pi/T_0. \tag{2.2-21}$$

Die z-Rücktransformierte von Gl.(2.2-20) lautet

$$R_{xx}(\tau) = \frac{1}{2\pi i} \oint S_{xx}(z)\, z^{\tau-1}\, dz. \tag{2.2-22}$$

Die Integration ist dabei auf dem Einheitskreis durchzuführen.

Entsprechende Beziehungen gelten für die *Kreuzspektraldichte* zweier verschiedener Prozesse. Gl.(2.2-20) und (2.2-22) werden *Wiener-Khintchine'sche* Beziehungen genannt.

Aus Gl.(2.2-22) folgt die *Parseval'sche* Beziehung

$$\overline{x^2(k)} = R_{xx}(O) = \frac{1}{2\pi i} \oint S_{xx}(z)\ \frac{dz}{z} = \frac{T_O}{\pi} \int\limits_{O}^{\pi/T_O} S^*_{xx}(\omega)\ d\omega. \qquad (2.2-23)$$

Für das *diskrete weiße Rauschen* folgt ferner auch Gl.(2.2-20) und
(2.2-17)

$$S_{xx}(z) = S_{xxO} = R_{xx}(O) = \overline{x^2(k)} = \sigma_x^2 = const. \qquad (2.2-24)$$

Zur ausführlichen Betrachtung der Theorie stochastischer Signale sei
auf die Bücher von Schlitt (1962), Strejc (1967), Schlitt-Dittrich
(1972), Leonhard (1973), Davenport-Root (1958), Bendat-Piersol (1971)
verwiesen.

### 2.2.2 Prozesse mit stochastischen diskreten Signalen

### Beziehungen zwischen Korrelationsfunktionen

Ein linearer Prozeß mit der Gewichtsfunktion g(k) habe ein stationäres
stochastisches Eingangssignal u(k) und Ausgangssignal y(k). Die Autokorrelationsfunktion des Eingangssignals ist dann

$$\Phi_{uu}(\tau) = E\{u(k)u(k+\tau)\} \qquad (2.2-25)$$

und die Kreuzkorrelationsfunktion aus Ein- und Ausgangssignal

$$\Phi_{uy}(\tau) = E\{u(k)y(k+\tau)\}. \qquad (2.2-26)$$

Beide Korrelationsfunktionen sind dann durch die Faltungssumme

$$\Phi_{uy}(\tau) = \sum_{\nu=O}^{\infty} g(\nu)\ \Phi_{uu}(\tau-\nu) \qquad (2.2-27)$$

verknüpft.

### Stochastische Differenzengleichungen

Ein parametrisches Modell eines skalaren stochastischen Prozesses ist
die *lineare stochastische Differenzengleichung*

$$\begin{aligned} &y(k) + c_1 y(k-1) + \ldots + c_n y(k-n) \\ &= d_O v(k) + d_1 v(k-1) + \ldots + d_m v(k-m) \end{aligned} \qquad (2.2-28)$$

Hierbei ist $y(k)$ das Ausgangssignal eines gedachten Filters mit der z-Übertragungsfunktion

$$\frac{y(z)}{v(z)} = \frac{d_o + d_1 z^{-1} + \ldots + d_m z^{-m}}{1 + c_1 z^{-1} + \ldots + c_n z^{-n}} = \frac{D(z^{-1})}{C(z^{-1})} \qquad (2.2-29)$$

und $v(k)$ ein normalverteiltes, weißes Rauschen $(0,1)$. Stochastische Differenzengleichungen stellen einen stochastischen Prozeß als Funktion eines statistisch unabhängigen Prozesses dar.

Stochastische Differenzengleichungen, die bei der Analyse stochastischer Signale eine besondere Rolle spielen, sind der *autoregressive Prozeß*

$$y(k) + c_1 y(k-1) + \ldots + c_n y(k-n) = d_o v(k) \qquad (2.2-30)$$

mit der Übertragungsfunktion

$$\frac{y(z)}{v(z)} = \frac{d_o}{1 + c_1 z^{-1} + \ldots + c_n z^{-n}} = \frac{d_o}{C(z^{-1})} \qquad (2.2-31)$$

und der *summierende Prozeß* (moving average process)

$$y(k) = d_o v(k) + d_1 v(k-1) + \ldots + d_m v(k-m) \qquad (2.2-32)$$

mit der Übertragungsfunktion

$$\frac{y(z)}{v(z)} = d_o + d_1 z^{-1} + \ldots + d_m z^{-m} = D(z^{-1}). \qquad (2.2-33)$$

Prozesse nach Gl.(2.2-28) werden *gemischte autoregressiv-summierende Prozesse* genannt. Falls die Wurzeln von $C(z^{-1})$ im Einheitskreis liegen, sind diese Prozesse stationär.

Läßt man jedoch auch Wurzeln auf dem Einheitskreis zu,

$$\frac{y(z)}{v(z)} = \frac{D(z^{-1})}{C(z^{-1})(1-z^{-1})^p} \qquad p = 1,2,\ldots, \qquad (2.2-34)$$

dann können auch nichtstationäre Prozesse dargestellt werden. Stochastische Prozesse nach Gl.(2.2-34) werden *integrierte autoregressiv-summierende Prozesse* genannt. Ein besonders einfacher Prozeß dieser Art ist die *Zufallsbewegung* (random walk)

$$y(k) = y(k-1) + d_o v(k). \qquad (2.2-35)$$

Ausführliche Abhandlungen über diese stochastischen Differenzengleichungen sind in Box-Jenkins (1970), Åström (1970) und Jazwinski (1970) zu finden.

# A Identifikation mit nichtparametrischen Modellen

Neben der direkten Messung von Antwortfunktionen auf nichtperiodische Signale sind die bekanntesten Verfahren zur Identifikation nichtparametrischer Modelle die Fourieranalyse, die Spektralanalyse und die Korrelationsanalyse.

Die *Fourieranalyse* ist zur Identifikation linearer Prozesse mit kontinuierlichen Signalen geeignet. Als Testsignale kommen determinierte, periodische und nichtperiodische Signale in Betracht. Man erhält dann Real- und Imaginärteil des Frequenzganges für verschiedene Frequenzen, Isermann(1971a). Die *Spektralanalyse* liefert ebenfalls Frequenzgangwerte linearer Prozesse mit kontinuierlichen Signalen und kann bei stochastischen Eingangssignalen angewendet werden, Jenkins-Watts (1968). Beide Verfahren arbeiten im Frequenzbereich und sind zur Identifikation von Prozessen mit diskreten Ein- und Ausgangssignalen weniger vorteilhaft, da bei diesen Prozessen die im Zeitbereich arbeitenden Identifikationsverfahren zweckmäßiger sind.

Die *Korrelationsanalyse* wird zur Identifikation linearer Prozesse mit stochastischen und pseudostochastischen Testsignalen verwendet, wenn ein größerer Störsignalpegel vorhanden ist. Sie unterscheidet sich für kontinuierliche und diskrete Signale nur durch Verwenden von Integrationen anstelle von Summationen. Als Ergebnis erhält man diskrete Werte der Gewichtsfunktion des Prozesses. Im folgenden wird die Korrelationsanalyse linearer Prozesse mit diskreten Signalen ausführlich betrachtet.

Es sei noch angemerkt, daß man nichtparametrische Modelle in Form von z.B. Gewichtsfunktionen bei kleinem Störsignalpegel durch Mittelwertbildung mehrerer Antwortfunktionen auf Sprungfunktionen oder Impulse und anschließende Entfaltung erhalten kann, Isermann (1971 a). Ferner kann man die Gewichtsfunktion auch mittels der Methode der kleinsten Quadrate bestimmen, Levin (1960).

# 3. Korrelationsanalyse

## 3.1 Schätzung von Korrelationsfunktionen

### 3.1.1 Autokorrelationsfunktionen

Die Autokorrelationsfunktion eines diskreten stationären stochastischen Prozesses $x(k)$ ist nach Gl.(2.2-9)

$$\phi_{xx}(\tau) = E\{x(k)x(k+\tau)\} = \lim_{N\to\infty} \frac{1}{N} \sum_{k=0}^{N-1} x(k)x(k+\tau). \qquad (3.1-1)$$

Dabei wurde angenommen, daß die Beobachtungszeit N unendlich groß ist. Gemessene Signale haben jedoch immer endliche Länge. Es interessiert deshalb die Genauigkeit, mit der man die Autokorrelationsfunktion eines einzelnen Signales $x(k)$, einer Musterfunktion des Prozesses $\{x(k)\}$, in endlicher Zeit schätzen kann. Aus Gl.(3.1-1) folgt zunächst als Schätzgleichung

$$\phi_{xx}(\tau) \approx \phi_{xx}^{N}(\tau) = \frac{1}{N} \sum_{k=0}^{N-1} x(k)x(k+\tau). \qquad (3.1-2)$$

Wenn $0 \leqq |\tau| \leqq N-1$, dann gilt

$$\phi_{xx}^{N}(\tau) = \frac{1}{N} \sum_{k=0}^{N-1-|\tau|} x(k)\ x(k+|\tau|),\ 0 \leqq |\tau| \leqq N-1, \qquad (3.1-3)$$

da $x(k) = 0$ für $k < 0$ und $k > N-1$.

Alternativ könnte als Schätzgleichung auch

$$\phi_{xx}^{'N}(\tau) = \frac{1}{N-|\tau|} \sum_{k=0}^{N-1-|\tau|} x(k)x(k+|\tau|),\quad 0 \leqq |\tau| \leqq N-1 \qquad (3.1-4)$$

verwendet werden. Hierbei wird durch die tatsächliche Anzahl $(N-|\tau|)$ der aufsummierten Produkte dividiert.

Es soll nun untersucht werden, welcher dieser beiden Schätzwerte besser ist[1]. Hierzu werde $E\{x(k)\} = 0$ angenommen. Der Erwartungswert beider Schätzgleichungen lautet für $0 \leq |\tau| \leq N-1$

$$E\{\Phi_{xx}^N(\tau)\} = \frac{1}{N} \sum_{k=0}^{N-1-|\tau|} E\{x(k)x(k+|\tau|)\} = \frac{1}{N} \sum_{k=0}^{N-1-|\tau|} \Phi_{xx}(\tau)$$

$$= \left[1 - \frac{|\tau|}{N}\right]\Phi_{xx}(\tau) \qquad\qquad (3.1-5)$$

und

$$E\{\Phi_{xx}'^N(\tau)\} = \Phi_{xx}(\tau). \qquad\qquad (3.1-6)$$

Gl.(3.1-3) liefert also bei endlicher Meßzeit N einen Bias, der aber für $N \to \infty$ verschwindet

$$\lim_{N\to\infty} E\{\Phi_{xx}^N(\tau)\} = \Phi_{xx}(\tau) \qquad |\tau| << N, \qquad\qquad (3.1-7)$$

sodaß die Schätzung konsistent ist. Gl.(3.1-4) ergibt jedoch auch für endliche N eine biasfreie Schätzung.

Für ein normalverteiltes Signal folgt die Varianz des Schätzwertes Gl.(3.1-2) aus der Varianz der Kreuzkorrelationsfunktion, die im folgenden Abschnitt in Gl.(3.1-26) angegeben ist,

$$\lim_{N\to\infty} \text{var}\,[\Phi_{xx}^N(\tau)] = \lim_{N\to\infty} E\{[\Phi_{xx}^N(\tau) - \Phi_{xx}(\tau)]^2\}$$

$$= \lim_{N\to\infty} \frac{1}{N} \sum_{\xi=-(N-1)}^{N-1} [\Phi_{xx}^2(\xi) + \Phi_{xx}(\xi+\tau)\Phi_{xx}(\xi-\tau)].$$

$$\qquad\qquad (3.1-8)$$

Falls die Autokorrelationsfunktion endlich ist, wird die Varianz Null für $N \to \infty$. Die Schätzung der Autokorrelationsfunktion nach Gl.(3.1-2) ist also konsistent im quadratischen Mittel.

Aus Gl.(3.1-8) ergeben sich für große N folgende Sonderfälle:

a) $\tau = 0$:

$$\text{var}\,[\Phi_{xx}(0)] \approx \frac{2}{N} \sum_{\xi=-(N-1)}^{N-1} \Phi_{xx}^2(\xi) \qquad\qquad (3.1-9)$$

---

[1] Einige grundlegende Begriffe der Schätztheorie sind im Anhang erklärt.

Wenn $x(k)$ weißes Rauschen ist, wird

$$\text{var } [\phi_{xx}^{N}(0)] \approx \frac{2}{N}\, \phi_{xx}^{2}(0) = \frac{2}{N}\left[\overline{x^{2}(k)}\right]^{2} . \qquad (3.1\text{-}10)$$

b) große $\tau$:

   Es gilt

$$\phi_{xx}^{2}(\xi) \gg \phi_{xx}(\xi+\tau)\,\phi_{xx}(\xi-\tau) \qquad (\text{da } \phi_{xx}(\tau) \approx 0)$$

   Somit wird

$$\text{var } [\phi_{xx}^{N}(\tau)] \approx \frac{1}{N} \sum_{\xi=-(N-1)}^{N-1} \phi_{xx}^{2}(\xi) . \qquad (3.1\text{-}11)$$

Aus Gl.(3.1-11) und (3.1-9) folgt ferner

$$\text{var } [\phi_{xx}^{N}(0)] \approx 2 \text{ var } [\phi_{xx}^{N}(\tau)] . \qquad (3.1\text{-}12)$$

Die Varianz bei großen $\tau$ ist also nur etwa halb so groß wie diejenige
bei $\tau = 0$.

Für die biasfreie Schätzung, Gl.(3.1-4), muß man in Gl.(3.1-8) nur
$N$ durch $N-|\tau|$ ersetzen und für endliche $N$ erhält man

$$\text{var } [\phi_{xx}^{\prime N}(\tau)] = \frac{N}{N-|\tau|} \text{ var } [\phi_{xx}^{N}(\tau)] . \qquad (3.1\text{-}13)$$

Die biasfreie Schätzgleichung liefert also für $|\tau| > 0$ stets Schätzwerte
mit größerer Varianz. Für $|\tau| \rightarrow N$ strebt sie gegen unendlich, Jenkins-
Watts (1968). Deshalb wird im allgemeinen nur die biasfreie Schätzgleichung Gl.(3.1-2) verwendet. Zur Übersicht sind die Eigenschaften
der Schätzgleichungen noch einmal in Tabelle 3.1 zusammengefaßt.

Tabelle 3.1 Eigenschaften der Schätzgleichungen von Autokorrela-
            tionsfunktionen

| Schätzgleichung | Bias für endliche $N$ | Varianz für endliche $N$ | Bias für $N \rightarrow \infty$ |
|---|---|---|---|
| $\phi_{xx}^{N}(\tau)$ | $-\dfrac{|\tau|}{N}\,\phi_{xx}(\tau)$ | $\text{var } [\phi_{xx}^{N}(\tau)]$ | 0 |
| $\phi_{xx}^{\prime N}(\tau)$ | 0 | $\dfrac{N}{N-|\tau|}\,\text{var } [\phi_{xx}^{N}(\tau)]$ | 0 |

Da $E\{x(k)\} = 0$ angenommen wurde, gelten alle Gleichungen auch für die Schätzung der *Autokovarianzfunktion* $R_{xx}(\tau)$.

## 3.1.2 Kreuzkorrelationsfunktionen

Die Kreuzkorrelationsfunktion zweier diskreter stationärer Prozesse ist nach Gl.(2.2-10)

$$\Phi_{xy}(\tau) = E\{x(k)y(k+\tau)\} = \lim_{N\to\infty} \frac{1}{N} \sum_{k=0}^{N-1} x(k)y(k+\tau). \qquad (3.1-14)$$

Als Schätzgleichung der Kreuzkorrelationsfunktion werde analog zu Gl.(3.1-2)

$$\Phi_{xy}(\tau) \approx \Phi_{xy}^N(\tau) = \frac{1}{N} \sum_{k=0}^{N-1} x(k)y(k+\tau) \qquad (3.1-15)$$

verwendet. Für $-(N-1) \leqq \tau \leqq (N-1)$ folgt hieraus

$$\left.\begin{array}{ll} \Phi_{xy}^N(\tau) = \frac{1}{N} \sum_{k=0}^{N-1-\tau} x(k)y(k+\tau) & \text{für } 0 \leqq \tau \leqq N-1 \\[3mm] \Phi_{xy}^N(\tau) = \frac{1}{N} \sum_{k=\tau}^{N-1} x(k)y(k+\tau) & \text{für } -(N-1) \leqq \tau \leqq 0 \end{array}\right\} \qquad (3.1-16)$$

da $y(k) = 0$ und $x(k) = 0$ für $k < 0$ und $k > N-1$.

Der Erwartungswert dieser Schätzgleichung wird, siehe Gl.(3.1-5),

$$E\{\Phi_{xy}^N(\tau)\} = \left[1 - \frac{|\tau|}{N}\right]\Phi_{xy}(\tau). \qquad (3.1-17)$$

Bei endlicher Meßzeit N ergibt sich also ein Bias, der nur für $N \to \infty$ verschwindet

$$\lim_{N\to\infty} E\{\Phi_{xy}^N(\tau)\} = \Phi_{xy}(\tau). \qquad (3.1-18)$$

Würde man in Gl.(3.1-16) anstelle von N durch $(N-|\tau|)$ dividieren, dann würde wie bei der Autokorrelationsfunktion zwar der Erwartungswert auch für endliche N biasfrei sein, aber die Varianz der Schätzwerte zunehmen.

Es werde nun die Varianz der Schätzung nach Gl.(3.1-16) berechnet. Die erste Veröffentlichung zur Berechnung der Varianz findet man bei Bartlett (1946) für den Fall der Autokorrelationsfunktion.

Laut Definition gilt für die Kreuzkorrelationsfunktion

$$\text{var } [\phi_{xy}^N(\tau)]$$

$$= E\left\{[\phi_{xy}^N(\tau) - \phi_{xy}(\tau)]^2\right\} = E\left\{[\phi_{xy}^N(\tau)]^2\right\} - \phi_{xy}^2(\tau) \qquad (3.1-19)$$

wobei Gl.(3.1-18) verwendet wurde, also $\lim_{N\to\infty}$ anzunehmen ist. Ferner gilt

$$E\left\{[\phi_{xy}^N(\tau)]^2\right\} = \frac{1}{N^2} \sum_{k=0}^{N-1} \sum_{k'=0}^{N-1} E\{x(k)y(k+\tau)x(k')y(k'+\tau)\}. \qquad (3.1-20)$$

Zur Vereinfachung der Schreibweise wurden hierbei nicht die Grenzen von Gl.(3.1-16), sondern von Gl.(3.1-15) eingesetzt. Nun werde angenommen, daß $x(k)$ und $y(k)$ normal verteilt sind. Dann enthält Gl. (3.1-20) vier Zufallsvariable $z_1$, $z_2$, $z_3$, $z_4$, für die nach Laning-Battin (1956) und Bendat-Piersol (1971) gilt:

$$E\{z_1 z_2 z_3 z_4\} = E\{z_1 z_2\}\, E\{z_3 z_4\} + E\{z_1 z_3\}\, E\{z_2 z_4\}$$
$$+ E\{z_1 z_4\}\, E\{z_2 z_3\} - 2\, \bar{z}_1 \bar{z}_2 \bar{z}_3 \bar{z}_4. \qquad (3.1-21)$$

Wenn $E\{x(k)\} = 0$ oder $E\{y(k)\} = 0$, dann folgt

$$E\{x(k)y(k+\tau)x(k')x(k'+\tau)\}$$

$$= \phi_{xy}^2(\tau) + \phi_{xx}(k'-k)\, \phi_{yy}(k'-k) + \phi_{xy}(k'-k+\tau)\, \phi_{yx}(k'-k-\tau).$$

Somit wird

$$\text{var } [\phi_{xy}^N(\tau)] = \frac{1}{N^2} \sum_{k=0}^{N-1} \sum_{k'=0}^{N-1} [\phi_{xx}(k'-k)\, \phi_{yy}(k'-k)$$

$$+ \phi_{xy}(k'-k+\tau)\, \phi_{yx}(k'-k-\tau)]. \qquad (3.1-22)$$

Nun werde $k'-k = \xi$ gesetzt. Dann wird

$$\text{var}[\phi_{xy}(\tau)] = \frac{1}{N^2} \sum_{k=0}^{N-1} \sum_{\xi=-k}^{N-1-k} [\phi_{xx}(\xi)\phi_{yy}(\xi) + \phi_{xy}(\xi+\tau)\phi_{yx}(\xi-\tau)].$$
$$(3.1-23)$$

Der Summand sei mit $F(\xi)$ bezeichnet. Sein Summationsbereich ist in Bild 3.1 angegeben. Nach Vertauschen der Summationsfolge ist

$$\sum_{k=0}^{N-1} \sum_{\xi=-k}^{N-1-k} F(\xi) = \underbrace{\sum_{\xi=0}^{N-1} F(\xi) \sum_{k=0}^{N-1-\xi} 1}_{\text{linkes Dreieck}} + \underbrace{\sum_{\xi=-(N-1)}^{0} F(\xi) \sum_{k=-\xi}^{N-1} 1}_{\text{rechtes Dreieck}}$$

$$= \sum_{\xi=0}^{N-1} (N-1-\xi)F(\xi) + \sum_{\xi=-(N-1)}^{0} (N-1+\xi)F(\xi) = \sum_{\xi=-(N-1)}^{N-1} (N-1-|\xi|)F(\xi). \qquad (3.1-24)$$

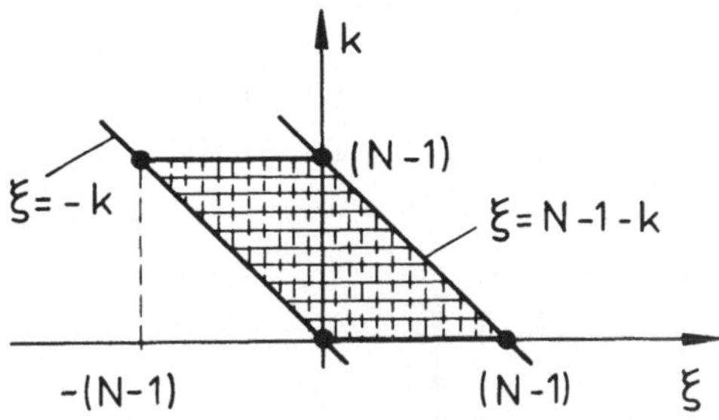


Bild 3.1 Summationsbereich der Gl.(3.1-23)

Mit dieser Umformung lautet Gl.(3.1-23)

$$\text{var } [\Phi_{xy}^{N}(\tau)] = \frac{1}{N} \sum_{\xi=-(N-1)}^{N-1} [1 - \frac{1+|\xi|}{N}][\Phi_{xx}(\xi)\,\Phi_{yy}(\xi)+\Phi_{xy}(\xi+\tau)\,\Phi_{yx}(\xi-\tau)]$$
$$(3.1-25)$$

und es folgt schließlich

$$\lim_{N\to\infty} \text{var } \Phi_{xy}^{N}(\tau) = \lim_{N\to\infty} \frac{1}{N} \sum_{\xi=-(N-1)}^{N-1} [\Phi_{xx}(\xi)\,\Phi_{yy}(\xi)+\Phi_{xy}(\xi+\tau)\,\Phi_{yx}(\xi-\tau)].$$
$$(3.1-26)$$

Für N → ∞ wird die Varianz also Null falls die Korrelationsfunktionen
endlich sind. Deshalb ist die Schätzung der Kreuzkorrelationsfunktion
nach Gl.(3.1-15) für normalverteilte Signale konsistent im quadratischen Mittel.

## 3.2 Korrelationsanalyse linearer dynamischer Prozesse

### 3.2.1. Ermittlung der Gewichtsfunktion

Wenn ein linearer, stabiler und zeitinvarianter Prozeß mit einem stationären stochastischen Eingangssignal u(k) angeregt wird, dann ist
auch das Ausgangssignal y(k) im eingeschwungenen Zustand ein stationäres stochastisches Signal, sodaß man die Autokorrelationsfunktion
$\hat{\Phi}_{uu}(\tau)$ und die Kreuzkorrelationsfunktion $\hat{\Phi}_{uy}(\tau)$ schätzen kann.

Wenn sowohl $E\{u(k)\} = O$ als auch $E\{y(k)\} = O$, dann sind beide Korrelationsfunktionen nach Gl.(2.2-27) durch die Faltungssumme

$$\Phi_{uy}(\tau) = \sum_{\nu=0}^{\infty} g(\nu) \; \Phi_{uu}(\tau-\nu) \qquad\qquad\qquad (3.2\text{-}1)$$

verknüpft, wobei $g(\nu)$ die Gewichtsfunktion des Prozesses ist.

Es sei nun angenommen, daß $\Phi_{uu}(\tau)$ und $\Phi_{uy}(\tau)$ für verschiedene $\tau$, wie z.B. in Bild 3.2 angegeben, bestimmt worden sind und daß die Gewichtsfunktion $g(\nu)$ ermittelt werden soll.

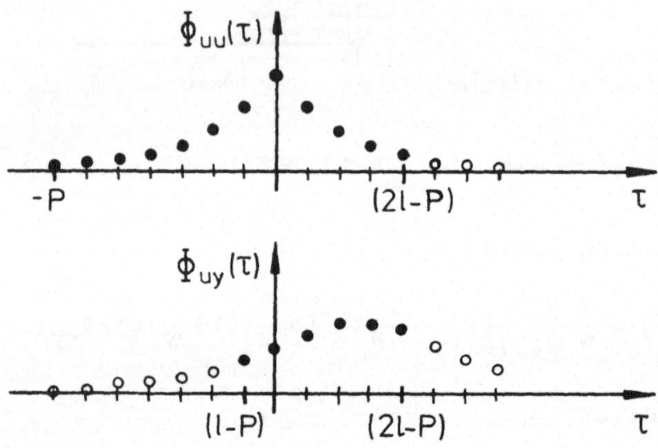


Bild 3.2 Geschätzte Korrelationsfunktionen eines linearen Prozesses

Für jeden Wert von $\tau$ erhält man nach Gl.(3.2-1) eine Bestimmungsgleichung. Wenn die Gewichtsfunktionswerte $g(0)$, $g(1)$,..., $g(\ell)$ gesucht sind, dann muß man also $\ell+1$ verschiedene Werte von $\tau$ verwenden. Die größte verwendete negative Zeitverschiebung von $\Phi_{uu}(\tau)$ sei $\tau_{max} = -P$. Dann gilt folgendes Gleichungssystem

$$
\begin{bmatrix}
\Phi_{uy}(-P+\ell) \\
\vdots \\
\Phi_{uy}(-1) \\
\Phi_{uy}(0) \\
\Phi_{uy}(1) \\
\vdots \\
\Phi_{uy}(M)
\end{bmatrix}
=
\begin{bmatrix}
\Phi_{uu}(-P+\ell) & \cdots & \Phi_{uu}(-P) \\
 & \vdots & \\
\Phi_{uu}(-1) & \cdots & \Phi_{uu}(-1-\ell) \\
\Phi_{uu}(0) & \cdots & \Phi_{uu}(-\ell) \\
\Phi_{uu}(1) & \cdots & \Phi_{uu}(1-\ell) \\
 & \vdots & \vdots \\
\Phi_{uu}(M) & \cdots & \Phi_{uu}(M-\ell)
\end{bmatrix}
\cdot
\begin{bmatrix}
g(0) \\
g(1) \\
\\
\vdots \\
\\
g(\ell)
\end{bmatrix}
$$

$$\hat{\underline{\Phi}}_{uy} \qquad = \qquad\qquad \hat{\underline{\Phi}}_{uu} \qquad\qquad\qquad \underline{g} \qquad\qquad (3.2\text{-}2)$$

Hierbei ist $M = -P+2\ell$ zu setzen. Falls zusätzlich $P = \ell$ ist, ist $\underline{\Phi}_{uu}$ eine quadratische symmetrische Matrix, sodaß unmittelbar folgt

$$\underline{g} = \hat{\underline{\Phi}}_{uu}^{-1} \, \hat{\underline{\Phi}}_{uy} . \qquad (3.2\text{-}3)$$

Die hierzu verwendeten Korrelationsfunktionen sind Schätzwerte und deshalb im allgemeinen mit Fehlern behaftet, sodaß $\underline{g}$ Fehler enthält.

Wie aus Bild 3.2 zu entnehmen ist, werden zur Ermittlung von $\underline{g}$ noch nicht alle verfügbaren Werte von $\Phi_{uy}(\tau)$ und $\Phi_{uu}(\tau)$ verwendet.

Sollen zur Verbesserung der Genauigkeit auch die restlichen, von Null verschiedenen Werte der Korrelationsfunktionen und damit mehr Information über den Prozeß verwendet werden, dann kann man P weiter nach links und M weiter nach rechts schieben und erhält $(P + M + 1) > \ell + 1$ Gleichungen zur Bestimmung der $\ell + 1$ unbekannten $g(\nu)$. Mit Hilfe der Methode der kleinsten Quadrate, die in Kapitel 4 beschrieben wird, läßt sich dann ein im allgemeinen verbesserter Schätzwert von $\underline{g}$ angeben

$$\hat{\underline{g}} = [\hat{\underline{\Phi}}_{uu}^{T} \, \hat{\underline{\Phi}}_{uu}]^{-1} \, \hat{\underline{\Phi}}_{uu}^{T} \, \hat{\underline{\Phi}}_{uy} . \qquad (3.2\text{-}4)$$

Die Ermittlung der Gewichtsfunktion läßt sich wesentlich vereinfachen, wenn das Eingangssignal ein weißes Rauschen mit der Autokorrelationsfunktion

$$\Phi_{uu}(\tau) = \sigma_u^2 \, \delta(\tau) = \Phi_{uu}(0) \, \delta(\tau) \qquad (3.2\text{-}5)$$

$$\delta(\tau) = \begin{cases} 1 & \text{für } \tau = 0 \\ 0 & \text{für } |\tau| \neq 0 \end{cases}$$

ist. Dann folgt aus Gl.(3.2-1)

$$\Phi_{uy}(\tau) = \Phi_{uu}(0) \, g(\tau)$$

und somit

$$g(\tau) = \frac{1}{\Phi_{uu}(0)} \, \Phi_{uy}(\tau) . \qquad (3.2\text{-}6)$$

Die Gewichtsfunktion ist dann proportional zur Kreuzkorrelationsfunktion. Es sei noch angemerkt, daß die Gewichtsfunktion auch mit Hilfe der in Kapitel 4 beschriebenen Methode der kleinsten Quadrate ermittelt werden kann. Hierzu werden die Gewichtsfunktionswerte

$g(0)$, $g(1)$,..., $g(\ell)$ als Parameter aufgefaßt und es wird die Methode der kleinsten Quadrate auf die Faltungssumme, Gl.(2.1-13), angewendet, Levin (1960). Hierbei kann das Eingangssignal beliebige Form erhalten.

## 3.2.2 Einfluß stochastischer Störsignale

Es werde der Einfluß stochastischer Störsignale im Ausgangssignal auf die Ermittlung der Kreuzkorrelationsfunktion $\Phi_{uy}(\tau)$ untersucht. Dazu sei angenommen, daß dem exakten Ausgangssignal $y_u(k)$ ein stationäres, stochastisches Störsignal $n(k)$ überlagert sei

$$y(k) = y_u(k) + n(k) \tag{3.2-7}$$

vgl. Bild 1.3, und das Eingangssignal $u(k)$ und seine Autokorrelationsfunktion $\Phi_{uu}(\tau)$ genau bekannt seien.

Dann folgt aus

$$\Phi_{uy}^N(\tau) = \frac{1}{N} \sum_{k=0}^{N-1} u(k)\, y(k+\tau) \tag{3.2-8}$$

mit Gl.(3.2-7) für den Fehler

$$\Delta\Phi_{uy}(\tau) = \frac{1}{N} \sum_{k=0}^{N-1} u(k)\, n(k+\tau). \tag{3.2-9}$$

Falls $E\{n(k)\} = 0$ wird somit

$$E\{\Delta\Phi_{uy}(\tau)\} = 0. \tag{3.2-10}$$

Für die Varianz des Fehlers gilt

$$E\left\{ [\Delta\Phi_{uy}^N(\tau)]^2 \right\} = \frac{1}{N^2} E\left\{ \sum_{k=0}^{N-1}\sum_{k'=0}^{N-1} u(k)u(k')n(k+\tau)n(k'+\tau) \right\}$$

$$= \frac{1}{N^2} \sum_{k=0}^{N-1} \sum_{k'=0}^{N-1} \Phi_{uu}(k'-k)\, \Phi_{nn}(k'-k) \tag{3.2-11}$$

wenn $u(k)$ und $n(k)$ statistisch unabhängig sind.

Falls das Eingangssignal ein weißes Rauschen mit der Autokorrelationsfunktion nach Gl.(3.2-5) ist, kann Gl.(3.2-11) vereinfacht werden zu

$$E\left\{ [\Delta\Phi_{uy}^N(\tau)]^2 \right\} = \frac{1}{N} \Phi_{uu}(0)\, \Phi_{nn}(0) = \frac{1}{N} S_{uu0}\, \overline{n^2(k)} \;, \tag{3.2-12}$$

vgl. Gl.(2.2-24). Die Streuung des Gewichtsfunktionsfehlers

$$\Delta g(\tau) = \frac{1}{S_{uuO}} \Delta\Phi^{N}_{uy}(\tau)$$                         (3.2-13)

wird somit

$$\sigma_{g} = \sqrt{E\{\Delta g^{2}(\tau)\}} = \sqrt{\frac{\overline{n^{2}(k)}}{S_{uuO}N}} = \frac{\sqrt{\overline{n^{2}(k)}}}{\sigma_{u}} \cdot \frac{1}{\sqrt{N}} \cdot$$                    (3.2-14)

Für Ein- und Ausgangssignal war bisher Mittelwert Null angenommen
worden. Falls beide Signale einen von Null verschiedenen Mittelwert
haben, gilt

$$u(k) = U(k) - U_{OO}$$
$$y(k) = Y(k) - Y_{OO}$$

wobei $U_{OO} = \overline{U(k)}$ und $Y_{OO} = \overline{Y(k)}$,

und nach Einsetzen in Gl.(3.2-8) wird

$$\Phi^{N}_{uy}(\tau) = \frac{1}{N} \sum_{k=O}^{N-1} [U(k)Y(k+\tau)] - U_{OO}Y_{OO} \cdot$$                 (3.2-15)

Die Mittelwerte müssen dann also während der Messung gesondert ermittelt und ihr Produkt nach Gl.(3.2-15) subtrahiert werden. Ist jedoch
entweder $U_{OO} = O$ oder $Y_{OO} = O$, dann braucht eine besondere Mittelwertbildung nicht vorgenommen werden, da dann Gl.(3.2-15) dasselbe Ergebnis wie Gl.(3.2-8) liefert.

## 3.3 Binäre Testsignale

Zur Korrelationsanalyse linearer dynamischer Prozesse sind als Eingangssignale stationäre stochastische Signale mit beliebiger Amplitudenverteilung zugelassen. Wenn man zur Prozeßidentifikation jedoch
künstlich erzeugte Eingangssignale verwendet, dann ist es sehr zweckmäßig, binäre Signale zu wählen, also Signale, die nur zwei Zustände
+a und -a besitzen

Ein diskretes binäres Rauschsignal (abgekürzt DRBS = Diskretes Rausch-
Binär-Signal) entsteht dadurch, daß die binären Werte des Signales
regellos zu diskreten Zeitpunkten $kT_{O}$ wechseln, Bild 3.3.

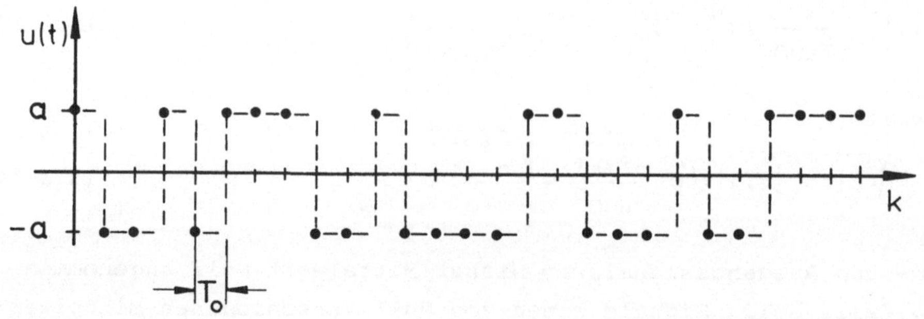

Bild 3.3 Diskretes Rausch-Binär-Signal

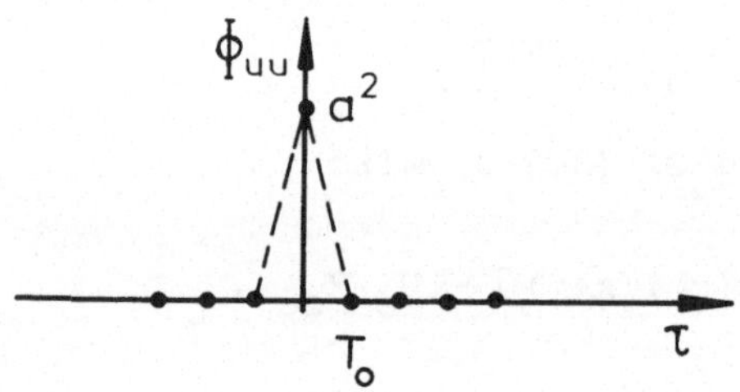

Bild 3.4 Autokorrelationsfunktion des diskreten Rausch-Binär-
         Signals

Die Autokorrelationsfunktion dieses binären Rauschsignales ist

$$\Phi_{uu}(\tau) = \begin{cases} a^2 & \text{für } \tau = 0 \\ 0 & \text{für } |\tau| > 0 \end{cases} \qquad (3.3\text{-}1)$$

da für $|\tau| > 0$ positive und negative Produkte der Signalwerte gleich
häufig auftreten, Bild 3.3. Für die Leistungsdichte gilt mit Gl.(2.2-24)

$$S_{uu}(z) = S_{uu}^*(\omega) = a^2 \qquad 0 \leq \omega \leq \pi/T_0. \qquad (3.3\text{-}2)$$

Das diskrete binäre Rauschsignal hat also dieselbe Autokorrelationsfunktion und Leistungsdichte wie diskretes weißes Rauschen mit beliebiger Amplitudenverteilung.

Gl.(3.3-1) und (3.3-2) gelten für unendlich große Meßzeiten. Für endliche Meßzeiten nehmen Korrelationsfunktion und Spektraldichte jedoch
andere Werte an, sodaß sie bei jeder Messung ermittelt werden müssen
und nicht zur vereinfachten Auswertung nach Gl.(3.2-6) führen.

Aus diesem Grunde bevorzugt man periodisch binäre Signalfolgen, also
determinierte Signale, die fast dieselben Autokorrelationsfunktionen
haben  wie stochastische binäre. Signale. Sie werden deshalb Pseudo-
Rausch-Binär-Signale (PRBS) genannt.

Eine Möglichkeit der Erzeugung von Pseudo-Rausch-Binär-Signalen ist
die Verwendung von rückgekoppelten Schieberegistern.

In einem Schieberegister, das aus n Stufen mit den binären Zustän-
den O oder 1 besteht, werden die zu einem bestimmten Zeitpunkt in
den einzelnen Stufen gespeicherten Werte nach Einwirken des Schie-
beimpulses an die jeweils darauf folgenden Stufen weitergegeben. Bei
periodisch einwirkenden Schiebeimpulsen erhält man daher in der Aus-
gangsstufe zunächst eine binäre Folge, die in der n-ten bis ersten
Stufe beim Start gespeichert war.

Wenn man das Schieberegister in geeigneter Weise rückkoppelt, dann
entstehen periodische Folgen binärer Signale. Hierzu werden die Aus-
gänge zweier (oder mehrerer) bestimmter Stufen über eine Antivalenzstufe auf den Eingang des Schieberegisters zurückgeführt, Bild 3.5.

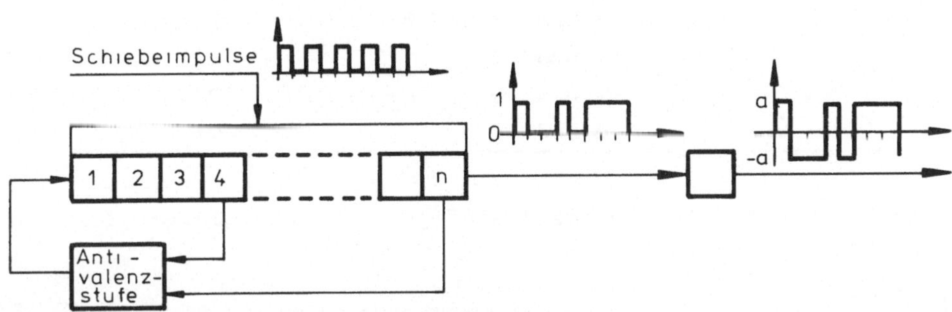


Bild 3.5 Rückgekoppeltes Schieberegister zur Erzeugung eines PRBS

Die Antivalenzstufe ordnet dabei den Eingangssignalen O,O und 1,1 das
Ausgangssignal O und den Eingangssignalen O,1 und 1,O das Ausgangssignal 1 zu (Modulo-Zwei-Addition). Schließt man den Fall aus, daß in
allen Stufen O steht, dann erhält man bei beliebigem Anfangszustand
eine periodische Signalfolge. Bei n Stufen sind $2^n$ verschiedene Binär-
kombinationen im Schieberegister möglich. Da der Fall O in allen Stufen ausscheidet, bilden

$$N = 2^n - 1$$

binäre Signale eine Periode maximal möglicher Länge, denn nach jedem
Schiebeimpuls entsteht eine neue Kombination im Schieberegister. Perioden maximaler Länge erhält man aber nur dann, wenn bestimmte Stu-
fenzahlen gewählt und wenn bestimmte Stufen eines Schieberegisters
zurückgekoppelt werden, Chow, Davies (1964) und Pittermann, Schweizer
(1966), siehe Tabelle 3.2. Ordnet man den Ausgangswerten O und 1 die
Werte +a und -a zu, dann entsteht schließlich die gewünschte periodische Folge binärer Signale.

Tabelle 3.2 Aufbau von Schieberegistern zur Erzeugung von PRBS
            maximaler Länge

| Stufenzahl $n$ | Rückzukoppelnde Stufen | Periodendauer $N$ |
|:---:|:---:|:---:|
| 2 | 1 und 2 | 3 |
| 3 | 1 und 3 oder 2 und 3 | 7 |
| 4 | 3 und 4 oder 1 und 4 | 15 |
| 5 | 3 und 5 oder 2 und 5 | 31 |
| 6 | 5 und 6 | 63 |
| 7 | 4 und 7 | 127 |
| 8 | 4 und 5 und 6 und 8 | 255 |
| 9 | 5 und 9 | 511 |
| 10 | 7 und 10 | 1023 |
| 11 | 9 und 11 | 2047 |

In Bild 3.6 ist das PRBS eines 4-stufigen Schieberegisters dargestellt.

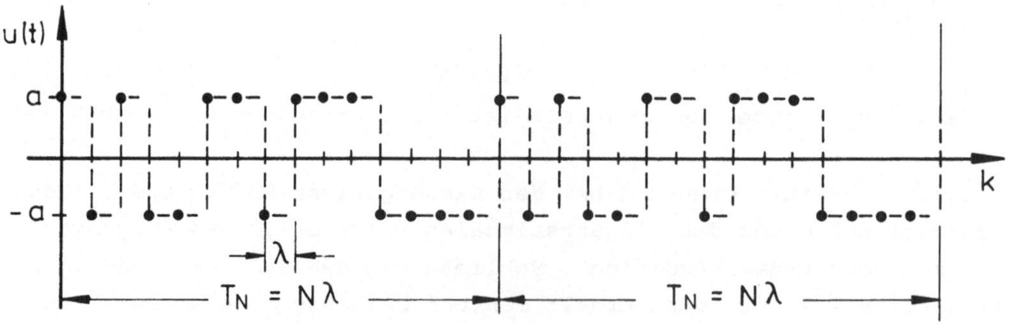


Bild 3.6 Pseudo-Rausch-Binär-Signal für ein 4-stufiges Schieberegister.

Es werden nun einige Eigenschaften der PRBS betrachtet, Davies (1970)
Die Taktzeit werde mit $\lambda$ bezeichnet.

a) Ein PRBS enthält $(N+1)/2$ Werte a und $(N-1)/2$ Werte $-a$. Der Mittelwert ist deshalb

$$\overline{u(k)} = \frac{a}{N}. \qquad\qquad (3.3-3)$$

b) Denkt man sich ein PRBS aus Rechteckimpulsen der Höhe $+a$ und $-a$
   zusammengesetzt, dann kommen in einem PRBS die einzelnen Impuls-
   längen mit folgender Häufigkeit vor:

$$
\left.
\begin{aligned}
\alpha = \tfrac{1}{2} \cdot \tfrac{N+1}{2} &\text{ Impulse der Länge } \lambda \\[4pt]
\tfrac{1}{4} \cdot \tfrac{N+1}{2} &\text{ Impulse der Länge } 2\lambda \\[4pt]
\tfrac{1}{8} \cdot \tfrac{N+1}{2} &\text{ Impulse der Länge } 3\lambda
\end{aligned}
\right\} \; \alpha > 1
$$

$$
\left.
\begin{aligned}
1 &\text{ Impuls der Länge } (n-1)\lambda \\
1 &\text{ Impuls der Länge } n\lambda.
\end{aligned}
\right\} \; \alpha = 1
$$

Die Anzahl der Impulse mit der Höhe $+a$ und $-a$ ist jeweils gleich
groß, mit der Ausnahme, daß jeweils nur ein Impuls der Länge $n\lambda$
und der Höhe $+a$ und ein Impuls der Länge $(n-1)\lambda$ und der Höhe $-a$
vorkommt.

c) Die Autokorrelationsfunktion eines PRBS ist für den Fall, daß die
   Taktzeit $\lambda$ gleich der Abtastzeit $T_O$ ist

$$
\Phi_{uu}(\tau) =
\begin{cases}
a^2 & \text{für } \tau = O,\ N\lambda,\ 2N\lambda,\ldots \\[6pt]
-\dfrac{a^2}{N} & \text{für } \lambda(1+\nu N) < |\tau| < \lambda(N-1+\nu N) \\[6pt]
& \nu = O,\ \pm 1,\ \pm 2,\ldots
\end{cases}
\qquad (3.3-4)
$$

Der Gleichanteil der Korrelationsfunktion entsteht dadurch, daß
stets $(N+1)/2$ negative Produkte und $(N-1)/2$ positive Produkte $a \cdot a$
vorkommen. Dieser Gleichanteil kann für große N jedoch meist ver-
nachlässigt werden.

Bild 3.7 zeigt die periodische Autokorrelationsfunktion.

d) Das diskrete Leistungsspektrum folgt aus den Fourierkoeffizienten
   für die periodische Autokorrelationsfunktion mit $\lambda = T_O$

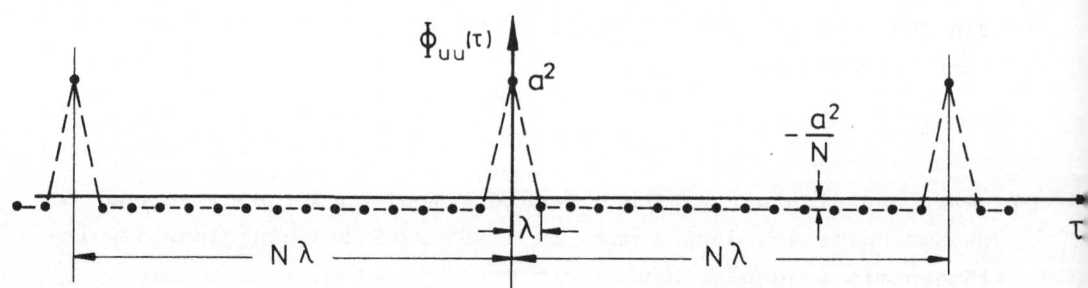

Bild 3.7 Autokorrelationsfunktion eines PRBS mit $\lambda = T_O$

$$\left| c_\nu \right|^2 = \frac{1}{N} \sum_{\tau=0}^{N-1} \Phi_{uu}(\tau) \; z_O^{-\nu\tau}$$

$$= \frac{1}{N} \left[ \Phi_{uu}(O) - \frac{a^2}{N} \sum_{\tau=1}^{N-1} z_O^{-\nu\tau} \right]$$

$$= \frac{1}{2} \left[ a^2 - \frac{a^2}{N} z_O^{-\frac{N}{2}} \right] = \frac{a^2}{N} \left[ 1 + \frac{1}{N} \right]. \qquad (3.3-5)$$

Hierbei ist die Grundfrequenz

$$\omega_O = \frac{2\pi}{N\lambda} \text{ und somit } z_O = e^{iT_O\omega_O} = e^{i \frac{2\pi}{N} \frac{T_O}{\lambda}} = e^{i \frac{2\pi}{N}}$$

und $\nu = 1, 2, \ldots, \frac{N-1}{2}$. Da der Mittelwert ungleich Null ist, gilt

$$c_O^2 = \frac{a^2}{N^2} . \qquad (3.3-6)$$

Das diskrete Leistungsspektrum des PRBS mit $\lambda = T_O$ besteht also aus
Linien gleicher Höhe und trägt damit den Charakter eines diskreten
weißen Rauschens. Je größer die Periodendauer N wird, desto größer
wird die Anzahl $\nu$ der enthaltenen Schwingungen und desto kleiner ihre
Amplitude. Für die Gesamtleistung gilt

$$L = \sum_{\nu=1}^{\frac{N-1}{2}} \left| c_\nu \right|^2 = \frac{a^2}{2} \left[ 1 - \frac{1}{N^2} \right] \qquad (3.3-7)$$

Sie wird für große N konstant $L \approx a^2/2$ und somit näherungsweise unabhängig von N.

# B Identifikation mit parametrischen Modellen

Als Ergebnis der im Teil A behandelten Identifikationsverfahren erhält
man nichtparametrische Modelle in Form von Korrelationsfunktionen oder
Gewichtsfunktionen. Diese Modelle haben zwar den Vorteil, daß keine
bestimmte Struktur oder Ordnung vorausgesetzt werden muß. Zur Lösung
vieler sich an die Identifikation anschließenden Aufgaben, wie z.B.
Synthese von Regelsystemen, Optimierung der Prozeßführung, Überwachung
von Parametern oder Signalvorhersage, sind jedoch parametrische Modelle
besser geeignet.

In Teil B werden deshalb Verfahren zur Schätzung der Parameter von parametrischen Modellen dynamischer Prozesse behandelt. Dabei wird zunächst davon ausgegangen, daß Struktur und Ordnung des Modells in Form
einer Differenzengleichung oder z-Übertragungsfunktion bekannt, die
Modellparameter jedoch unbekannt sind.

Die einfachste und direkteste Parameterschätzmethode ist sowohl für
statische als auch dynamische Prozesse die *Methode der kleinsten Quadrate*, Kapitel 4. Sie liefert jedoch für gestörte dynamische Prozesse
keine erwartungsgetreuen Parameterschätzwerte. Deshalb werden verbesserte Schätzmethoden betrachtet, die *Methode der verallgemeinerten
kleinsten Quadrate* und die *Methode der Hilfsvariablen*, Kapitel 6 und
7, die beide auf der einfachen Methode der kleinsten Quadrate aufbauen.

Alle drei Methoden werden sowohl in der nichtrekursiven als auch rekursiven Form angegeben. Eine Besonderheit stellt die *Methode der stochastischen Approximation* dar. Sie existiert nur in der rekursiven
Form und kann als Sonderfall der Methode der kleinsten Quadrate aufgefaßt werden, Kapitel 5.

Einen tiefer gehenden theoretischen Hintergrund besitzen die *Maximum-
Likelihood-Methode*, Kapitel 8, und die *Bayes-Methode*, Kapitel 9. In
Kapitel 10 wird der interne Zusammenhang aller beschriebenen Parame-
terschätzmethoden betrachtet.

# 4. Methode der kleinsten Quadrate

Angeregt durch Probleme der Astronomie hat Gauss 1795 die Methode der kleinsten Quadrate gefunden, die er 1809 wahrscheinlichkeitstheoretisch begründete. Die diesen Arbeiten zugrunde liegende Aufgabe lautet:

Gegeben ist eine Gleichung (ein Modell)

$$y_M(j) = f(\Theta_1, \Theta_2, \ldots, \Theta_m; j) \qquad j = 1,2,\ldots,N$$

in der die $\Theta_i$ unbekannte Parameter und die $y_M(j)$ die wahren Werte meßbarer Größen seien. Die wahren Werte $y_M(j)$ seien jedoch nicht bekannt, sondern nur fehlerbehaftete Meßwerte $y_P(j)$. Welche Parameter $\Theta_i$ stimmen dann mit diesen fehlerbehafteten Meßwerten $y_P(j)$ am besten überein?

Die beste Übereinstimmung wurde dabei so definiert, daß die Summe der Fehlerquadrate einzelner Messungen

$$V = (y_P(1) - y_M(1))^2 + \ldots + (y_P(N) - y_M(N))^2$$

ein Minimum wird.

Diese Methode ist die Grundlage für die folgenden Abschnitte. Sie wird auf Modelle statischer und dynamischer Prozesse angewandt.


## 4.1 Statische Prozesse

### 4.1.1 Lineare statische Prozesse

Zur Erläuterung der Schätzung von Parametern mit der Methode der kleinsten Quadrate sei zunächst ein sehr einfacher Prozeß, der lineare statische Prozeß

$$Y_u(k) - Y_{OO} = K_O [U(k) - U_{OO}] \qquad (4.1-1)$$

betrachtet. $U(k)$ und $Y_u(k)$ seien die absoluten, wahren Werte von Ein- und Ausgangsgröße, $Y_{OO}$ und $U_{OO}$ ihre Werte zum Zeitpunkt Null

$$U_{OO} = U(O); \quad Y_{OO} = Y(O). \tag{4.1-2}$$

Für die Abweichungen der beiden Größen von den Anfangswerten werden kleine Buchstaben verwendet

$$u(k) = U(k) - U_{OO}$$
$$y(k) = Y(k) - Y_{OO}. \tag{4.1-3}$$

Dann gilt für den Prozeß

$$Y_u(k) = K_O u(k). \tag{4.1-4}$$

Es werde nun angenommen, daß $U(k)$ und damit auch $U_{OO}$ exakt meßbar sei. Die Messung von $Y(k)$ soll jedoch stationäre zufällige Abweichungen $n(k)$ enthalten

$$Y_P(k) = Y_u(k) + n(k), \tag{4.1-5}$$

mit $E\{n(k)\} = $ const., siehe Bild 4.1.

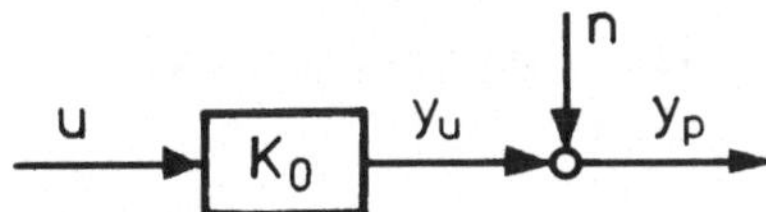


Bild 4.1 Linearer statischer Prozeß mit einem Parameter.

Dann folgt aus Gl.(4.1-1) und (4.1-5)

$$Y_P(k) = K_O u(k) + Y_{OO} + n(k). \tag{4.1-6}$$

Hierin ist $u(k)$ eine unabhängige Variable und $Y_P(k)$ eine Größe, die von $u(k)$ und der zufälligen Größe $n(k)$ abhängt.

Die Aufgabe besteht nun darin, den Parameter $K$ aus $N$ Messungen von paarweise zugehörigen Werten $u(O)$, $u(1)$, ..., $u(N-1)$ und $Y(O)$, $Y(1)$, ..., $Y(N-1)$ zu schätzen.

Da die Struktur des Prozeßmodells als bekannt vorausgesetzt wird, kann man ein Modell der Form

$$Y_M(k) = K_M u(k) + Y_{OO} \tag{4.1-7}$$

parallel zum Prozeß nach Bild 4.1 angeordnet denken.

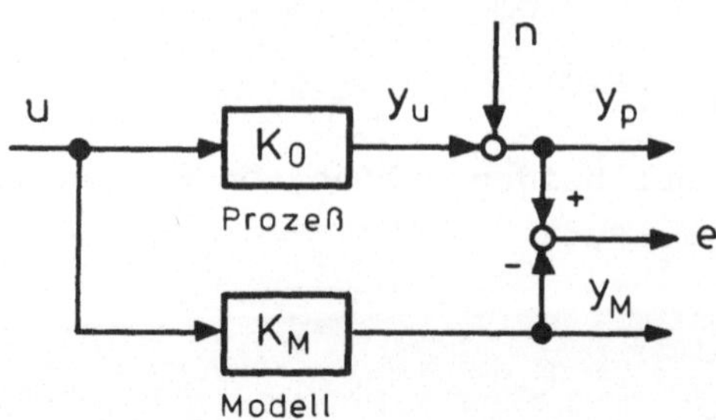


Bild 4.2 Anordnung von Prozeß und Modell zur Bildung des Fehlers e.

Für $Y_{OO}$ werde derselbe Wert wie bei Gl.(4.1-6) verwendet. Der Fehler zwischen Prozeß und Modell sei die Differenz der Ausgangssignale

$$e(k) = Y_P(k) - Y_M(k). \tag{4.1-8}$$

Nach Einsetzen von Gl.(4.1-6) und (4.1-7) gilt dann

$$e(k) = (K_O-K_M)\, u(k) + n(k).$$

Der Bezugswert $Y_{OO}$ fällt also heraus. Deshalb kann anstelle von Gl. (4.1-8) auch

$$e(k) = y_P(k) - y_M(k) \tag{4.1-9}$$

mit

$$y_P(k) = y_u(k) + n(k) \tag{4.1-10}$$

verwendet werden, wobei der Bezugswert $Y_{OO}$ beliebig wählbar ist. Mit $y_M(k) = K_M\, u(k)$ gilt dann

$$e(k) = y_P(k) - K_M\, u(k). \tag{4.1-11}$$

$$\text{Fehler} = \begin{matrix}\text{Beobach-}\\ \text{tung}\end{matrix} - \begin{matrix}\text{Vorhersage}\\ \text{des Modells}\end{matrix}$$

Nach der Methode der kleinsten Quadrate ist nun die Verlustfunktion

$$V = \sum_{k=0}^{N-1} e^2(k) \tag{4.1-12}$$

bezüglich des gesuchten Parameters $K_M$ zu minimieren:

$$\frac{dV}{dK_M} = -2 \sum_{k=0}^{N-1} [y_P(k) - K_M\, u(k)]\, u(k) = 0.$$

Hieraus ergibt sich der Schätzwert

$$\hat{K} = \frac{\sum\limits_{k=0}^{N-1} y_P(k)\, u(k)}{\sum\limits_{k=0}^{N-1} u^2(k)} = \frac{\Phi_{uy}^N(0)}{\Phi_{uu}^N(0)} \qquad (4.1\text{-}13)$$

Der Parameter $\hat{K}$ ist also das Verhältnis der Schätzwerte von Kreuzkorrelationsfunktion und Autokorrelationfunktion für $\tau = 0$.

Für den Erwartungswert von $\hat{K}$ gilt mit Gl.(4.1-10)

$$E\{\hat{K}\} = \frac{1}{\sum\limits_{k=0}^{N-1} u^2(k)} \left[ \sum_{k=0}^{N-1} y_u(k)u(k) + \sum_{k=0}^{N-1} E\{n(k)u(k)\} \right] = K_0, \qquad (4.1\text{-}14)$$

wenn das Eingangssignal $u(k)$ nicht mit dem Störsignal $n(k)$ korreliert ist

$$E\{n(k)u(k)\} = E\{n(k)\} \cdot E\{u(k)\} \qquad (4.1\text{-}15)$$

und wenn $\overline{n(k)} = 0$ und/oder $\overline{u(k)} = 0$. Der Schätzwert nach Gl.(4.1-13) ist dann also biasfrei.

Die Varianz des Parameters $\hat{K}$ folgt mit Gl.(4.1-13), (4.1-10) und (4.1-14)

$$\sigma_K^2 = E\{(\hat{K}-K_0)^2\} = \frac{1}{\left[\sum\limits_{k=0}^{N-1} u^2(k)\right]^2} E\left\{\left[\sum_{k=0}^{N-1} n(k)u(k)\right]^2\right\}.$$

Falls $n(k)$ und $u(k)$ nicht korreliert sind, gilt

$$E\left\{\sum_{k=0}^{N-1} n(k)u(k) \cdot \sum_{k'=0}^{N-1} n(k')u(k')\right\} = \sum_{k=0}^{N-1}\sum_{k'=0}^{N-1} \Phi_{nn}(k-k')\Phi_{uu}(k-k') = Q.$$

Diese Gleichung läßt sich für zwei Fälle vereinfachen.

Es sei zunächst angenommen, daß $n(k)$ weißes Rauschen ist. Dann gilt

$$\Phi_{nn}(\tau) = \sigma_n^2\, \delta(\tau) = \overline{n^2(k)}\, \delta(\tau)$$

$$Q = N\, \Phi_{uu}(0)\, \overline{n^2(k)} = \overline{n^2(k)} \sum_{k=0}^{N-1} u^2(k)$$

$$\sigma_K^2 = \frac{\overline{n^2(k)}}{\sum\limits_{k=0}^{N-1} u^2(k)}. \qquad (4.1\text{-}16)$$

Im zweiten Fall sei u(k) weißes Rauschen. Eine entsprechende Rechnung ergibt dieselbe Gleichung wie Gl.(4.1-16).

Für die Streuung des geschätzten Parameters gilt also, falls n(k) oder/und u(k) weißes Rauschen ist

$$\sigma_K = \sqrt{E\{(\hat{K}-K_O)^2\}} = \sqrt{\frac{\overline{n^2(k)}}{\overline{u^2(k)}}} \cdot \frac{1}{\sqrt{N}} \; . \qquad (4.1-17)$$

Die Streuung nimmt also umgekehrt proportional zur Wurzel aus der Meßzeit N ab. Da sowohl

$$E\{\hat{K}\} - K_O = 0$$

als auch

$$\lim_{N\to\infty} E\{(\hat{K}-K_O)^2\} = 0,$$

ist Gl.(4.1-13) eine im quadratischen Mittel konsistente Schätzung.

Die mit wachsendem N besser werdende Schätzung des Parameters K beruht darauf, daß zur Berechnung dieses einen Parameters, zu der bei fehlerfreier Messung eine einzige Gleichung ausreichen müßte, N Gleichungen verwendet werden.

Es wird nun eine vektorielle Schreibweise dieser Parameterschätzung betrachtet. Führt man folgende Vektoren ein

$$\underline{u} = \begin{bmatrix} u(0) \\ u(1) \\ \vdots \\ u(N-1) \end{bmatrix} \quad \underline{Y}_P = \begin{bmatrix} y_P(0) \\ y_P(1) \\ \vdots \\ y_P(N-1) \end{bmatrix} \quad \underline{e} = \begin{bmatrix} e(0) \\ e(1) \\ \vdots \\ e(N-1) \end{bmatrix}$$

dann lautet die Fehlergleichung mit $K_M = K$

$$\underline{e} = \underline{Y}_P - \underline{u} \, K$$

und die Verlustfunktion ist

$$V = \underline{e}^T \underline{e} = [\underline{Y}_P - \underline{u} \, K]^T \, [\underline{Y}_P - \underline{u} \, K] \; .$$

Ableitung nach K ergibt

$$\frac{dV}{dK} = \frac{d\underline{e}^T}{dK} \, \underline{e} + \underline{e}^T \, \frac{d\underline{e}}{dK} = -2 \, \underline{u}^T [\underline{Y}_P - \underline{u} \, K] = 0 \; .$$

Hieraus folgt

$$\underline{u}^T\underline{u}\ K = \underline{u}^T\underline{Y}_P$$

$$\hat{K} = [\underline{u}^T\underline{u}]^{-1}\ \underline{u}^T\ \underline{Y}_P \qquad\qquad\qquad (4.1-18)$$

Diese Schätzgleichung ist identisch mit Gl.(4.1-13).

Es seien alle Annahmen, die bei der Ableitung der Schätzgleichungen und als Voraussetzungen zur Konsistenz gemacht wurden, noch einmal zusammengestellt:

a) Das Eingangssignal $u(k) = U(k) - U_{00}$ ist exakt meßbar, der Anfangswert $U_{00} = U(O)$ ist exakt bekannt.

b) Das Störsignal $n(k)$ ist stationär. Es ist also
   $$E\{n(k)\} = \overline{n(k)} = const.$$

c) Das Eingangssignal $u(k)$ ist nicht mit dem Störsignal $n(k)$ korreliert.

d) Es sei entweder $E\{n(k)\} = O$
   oder/und $E\{u(k)\} = O$.

Die Bezugsgröße $Y_{00}$ für das Ausgangssignal $y(k)$ kann beliebig gewählt werden.

## 4.1.2. Nichtlineare statische Prozesse

Es werde nun ein statischer Prozeß betrachtet, bei dem die Ausgangsgröße nichtlinear von den Eingangsgröße abhängt

$$Y_u(k) = K_{00} + U(k)K_1 + U^2(k)K_2 + \ldots + U^q(k)K_q$$
$$= K_{00} + \sum_{\nu=1}^{q} U^\nu(k)K_\nu. \qquad\qquad (4.1-19)$$

$U(k)$ sei exakt meßbar. Wenn das gemessene Ausgangssignal stationäre zufällige Störungen $n(k)$ enthält, gilt zusätzlich

$$Y_P(k) = Y_u(k) + n(k). \qquad\qquad\qquad (4.1-20)$$

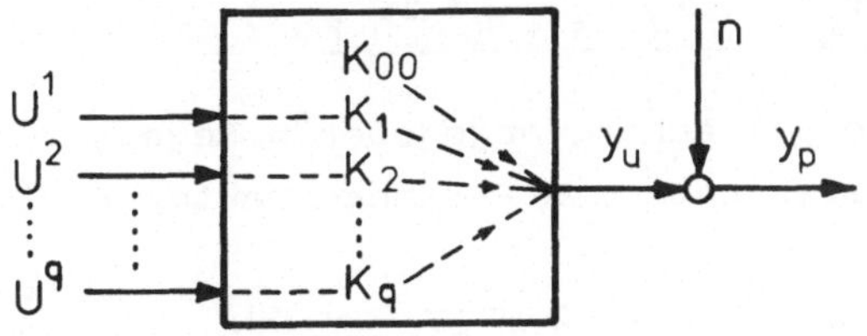

Bild 4.3 Nichtlinearer statischer Prozeß.

Es seien folgende Matrix und folgende Vektoren vereinbart

$$
\underline{U} = \begin{bmatrix} 1 & U(0) & U^2(0) & \ldots & U^q(0) \\ 1 & U(1) & U^2(1) & \ldots & U^q(1) \\ \vdots & \vdots & \vdots & & \vdots \\ 1 & U(N-1) & U^2(N-1) & \ldots & U^q(N-1) \end{bmatrix}
$$

$$
\underline{Y}_P = \begin{bmatrix} Y_P(0) \\ Y_P(1) \\ \vdots \\ Y_P(N-1) \end{bmatrix} \quad \underline{e} = \begin{bmatrix} e(0) \\ e(1) \\ \vdots \\ e(N-1) \end{bmatrix} \quad \underline{n} = \begin{bmatrix} n(0) \\ n(1) \\ \vdots \\ n(N-1) \end{bmatrix} \quad \underline{K} = \begin{bmatrix} K_{OO} \\ K_1 \\ \vdots \\ K_q \end{bmatrix}
$$

Die Prozeßgleichung lautet dann

$$
\underline{Y}_P = \underline{U}\,\underline{K} + \underline{n} \tag{4.1-21}
$$

und als Modellgleichung wird verwendet

$$
\underline{Y}_M = \underline{U}\,\underline{K}_M. \tag{4.1-22}
$$

Prozeß und Modell werden wieder parallel geschaltet, sodaß für den Fehler gilt

$$
\underline{e} = \underline{Y}_P - \underline{U}\,\underline{K}_M.
$$

Führt man vorübergehend einfachere Symbole ein

$$
\underline{e} = \underline{Y} - \underline{U}\,\underline{K},
$$

dann lautet die Verlustfunktion

$$
\begin{aligned}
V = \underline{e}^T\underline{e} &= [\underline{Y}^T - \underline{K}^T\underline{U}^T]\,[\underline{Y} - \underline{U}\,\underline{K}] \\
&= \underline{Y}^T\underline{Y} - \underline{K}^T\,\underline{U}^T\underline{Y} - \underline{Y}^T\underline{U}\,\underline{K} + \underline{K}^T\underline{U}^T\underline{U}\,\underline{K}
\end{aligned}
$$

und es ergibt sich

$$
V = \underline{Y}^T\underline{Y} - \underline{K}^T\underline{U}^T\underline{Y} - (\underline{U}^T\underline{Y})^T\,\underline{K} + \underline{K}^T\underline{U}^T\underline{U}\,\underline{K}.
$$

Unter Beachtung der im Anhang angegebenen Regeln zur Ableitung von Vektoren und Matrizen nach dem Parametervektor $\underline{K}$ wird

$$
\frac{dV}{d\underline{K}} = -2\,\underline{U}^T\underline{Y} + 2\,\underline{U}^T\underline{U}\,\underline{K} = -2\,\underline{U}^T[\underline{Y} - \underline{U}\,\underline{K}].
$$

Aus

$$\frac{dV}{d\underline{K}_M}\bigg|_{\underline{K}_M = \hat{\underline{K}}} = 0$$

folgt schließlich die Schätzgleichung

$$\hat{\underline{K}} = [\underline{U}^T\underline{U}]^{-1}\ \underline{U}^T\underline{Y}_P \tag{4.1-23}$$

wobei $\underline{U}^T\underline{U}$ nichtsingulär sein muß.

Der Erwartungswert dieser Schätzung ist mit Gl.(4.2-25)

$$E\{\hat{\underline{K}}\} = \underline{K}_O + E\{[\underline{U}^T\underline{U}]^{-1}\underline{U}^T\underline{n}\} = \underline{K}_O \tag{4.1-24}$$

falls die Elemente von $\underline{U}$ und $\underline{n}$, also Eingangssignal und Störsignal, nicht korreliert sind und falls $E\{n(k)\} = 0$. $\hat{\underline{K}}$ ist somit eine biasfreie Schätzung.

Die Ableitung der Varianz der Schätzwerte erfolgt analog zu der im folgenden Abschnitt 4.2 gezeigten Weise.

Bei linearen statischen Prozessen nach Abschnitt 4.1.1 waren das Ausgangssignal Y und das Fehlersignal e linear abhängig vom Eingangssignal U und vom Parameter K. Bei den in diesem Abschnitt behandelten nichtlinearen statischen Prozessen waren Y und e zwar ebenfalls linear abhängig in den Parametern $K_\nu$, aber nichtlinear in U. Die beschriebene Parameterschätzmethode der kleinsten Quadrate ist also für nichtlineare Prozesse geeignet, sofern das *Fehlersignal* e *linear in den Parametern* ist.

Die Anwendung der Methode der kleinsten Quadrate zur Parameterschätzung von Gleichungen der Form wie Gl.(4.1-1) und (4.1-19) wird auch *Regression* genannt. Im ersten Fall handelt es sich um die Regression einer linearen Funktion, im zweiten Fall um die Regression einer nichtlinearen Funktion.

## 4.2 Dynamische Prozesse

### 4.2.1 Grundgleichungen

Ein kontinuierlicher, linearer und stabiler Prozeß mit abgetasteten Ein- und Ausgangssignalen u(k) und y(k) werde beschrieben durch die Differenzengleichung

$$y(k) + a_1 y(k-1) + \ldots + a_m y(k-m)$$
$$= b_0 u(k-d) + b_1 u(k-d-1) + \ldots + b_m u(k-d-m). \qquad (4.2-1)$$

Mit kleinen Buchstaben seien hierbei Abweichungen der Signale von
einem Bezugswert bezeichnet

$$u(k) = U(k) - U_{00}$$
$$y(k) = Y(k) - Y_{00}. \qquad (4.2-2)$$

$U(k)$ und $Y(k)$ sind die absoluten Werte von Ein- und Ausgangssignal,
$U_{00}$ und $Y_{00}$ die absoluten Werte des Ein- und Ausgangssignals im Beharrungszustand.

$d$ sei der diskrete Wert einer Totzeit, ausgedrückt in ganzzahligen
Vielfachen der Abtastzeit $T_0$

$$d = T_t/T_0 = 0,1,2,3, \ldots \qquad (4.2-3)$$

In vektorieller Schreibweise lautet die Differenzengleichung

$$\underline{y}_k \, \underline{a}^T = \underline{u}_{k-d} \, \underline{b}^T \qquad (4.2-4)$$

mit folgenden Vektoren

$$
\left.
\begin{array}{lll}
\underline{y}_k & = [y(k) & y(k-1) \quad \ldots \quad y(k-m)] \\
\underline{u}_{k-d} & = [u(k-d) & u(k-d-1) \quad \ldots \quad u(k-d-m)] \\
\underline{a} & = [1 \quad a_1 & a_2 \quad \ldots \quad a_m] \\
\underline{b} & = [b_0 \quad b_1 & b_2 \quad \ldots \quad b_m]
\end{array}
\right\} \qquad (4.2-5)
$$

Die zugehörige $z$-Übertragungsfunktion ist

$$G(z^{-1}) = \frac{y(z)}{u(z)} = \frac{B(z^{-1})}{A(z^{-1})} = \frac{b_0 + b_1 z^{-1} + \ldots + b_m z^{-m}}{1 + a_1 z^{-1} + \ldots + a_m z^{-m}} \, z^{-d}. \qquad (4.2-6)$$

Es sind nun die Parameter $a_i$ und $b_i$ des Prozesses aus N gemessenen Ein-
und Ausgangssignalen zu schätzen. Hierzu werde angenommen:

- Der Prozeß sei für $k < 0$ im Beharrungszustand

- Die Ordnung m und die Totzeit d des Modells nach Gl.(4.2-1)
  seien im voraus bekannt

- Das Eingangssignal $u(k)$, einschließlich Beharrungszustand $U_{00}$
  sei exakt meßbar

- Im gemessenen Ausgangssignal $y_p$ sei eine stationäre stochastische Störkomponente $n(k)$ mit $E\{n(k)\} = 0$ enthalten

$$y_p(k) = y(k) = y_u(k) + n(k) \qquad (4.2\text{-}7)$$

- Der Beharrungswert $Y_{OO}$ des Ausgangssignals sei exakt bekannt
  und gehöre zum Wert $U_{OO}$ des Eingangssignals.

Dem Prozeß werde nun ein Modell mit der Differenzengleichung Gl.(4.2-1)
parallel geschaltet, Bild 4.4.

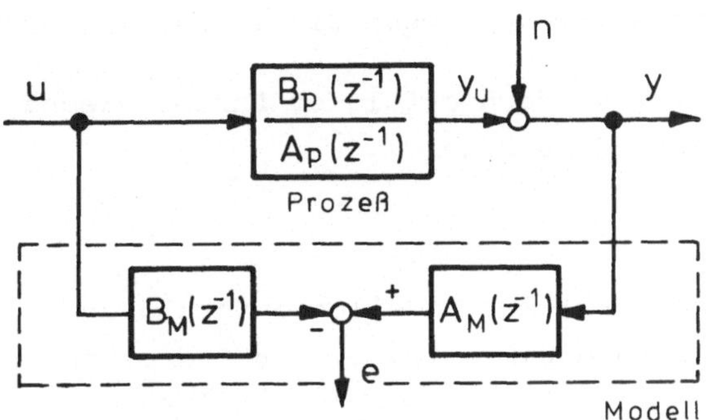


Bild 4.4 Anordnung des Modelles bei der Methode der kleinsten Quadrate.

Als Fehler $e(k)$ zwischen Prozeß und Modell sei ein verallgemeinerter
Fehler verwendet, vgl. Bild 1.8, der linear von den Parametern abhängt

$$e(k) = y(k) + a_1 y(k\text{-}1) + ... + a_m y(k\text{-}m)$$
$$\qquad\qquad - b_o u(k\text{-}d) - b_1 u(k\text{-}d\text{-}1) - ... - b_m u(k\text{-}d\text{-}m) \qquad (4.2\text{-}8)$$

bzw.

$$e(z) = A(z^{-1})\, y(z) - B(z^{-1})\, u(z).$$

Da $e(k) = O$, wenn die Gleichung exakt erfüllt ist, wird $e(k)$ auch
*Gleichungsfehler* (im Englischen auch residual) genannt.

Mit dieser Definition des Fehlers kann die Methode der kleinsten Quadrate unmittelbar angewendet werden. Zuvor werde jedoch eine abgekürzte
Schreibweise eingeführt. Löst man Gl.(4.2-1) nach dem momentanen Ausgangssignal auf, dann ist

$$y(k) = - a_1 y(k\text{-}1) - ... - a_m y(k\text{-}m)$$
$$\qquad + b_1 u(k\text{-}d\text{-}1) + ... + b_m (k\text{-}d\text{-}m)$$
$$y(k) = \underline{\psi}^T(k)\, \underline{\theta} \qquad (4.2\text{-}9)$$

wobei

$$\underline{\psi}^T(k) = [- y(k\text{-}1) ... - y(k\text{-}m) \;\vdots\; u(k\text{-}d\text{-}1) ... u(k\text{-}d\text{-}m)] \qquad (4.2\text{-}10)$$

$$\underline{\Theta}^T = [a_1 \ \ldots \ a_m \ \vdots \ b_1 \ \ldots \ b_m]. \tag{4.2-11}$$

Hierbei wurde zur Vereinfachung $b_0 = 0$ gesetzt, da der Fall $b_0 \neq 0$ sprungfähige Prozesse voraussetzt, die selten auftreten. Denn durch die Trägheit der Stellglieder und Meßglieder alleine bedingt, kann man bei den meisten Prozessen, die synchron am Ein- und Ausgang abgetastet werden, eine sprungfähige Übertragung ausschließen. Der Fall $b_0 \neq 0$ kann jedoch auftreten, wenn die Totzeit zu groß gewählt wurde.

Setzt man in Gl.(4.2-9) nach erfolgter Parameterschätzung die geschätzten Parameter $\hat{\underline{\Theta}}$ ein, dann kann

$$y_M(k) = \underline{\psi}^T(k) \ \hat{\underline{\Theta}} \tag{4.2-12}$$

als die Vorhersage $y_M(k)$ des Modelles aufgrund der letzten Meßwerte $y(k-1), \ \ldots, \ y(k-m)$ und $u(k-d-1), \ \ldots, \ u(k-d-m)$ interpretiert werden und es ist

$$e(k) \quad = \quad y(k) \quad - \quad y_M(k). \tag{4.2-13}$$

$$\text{Fehler} \ = \ \substack{\text{neue Beo-} \\ \text{bachtung}} \ - \ \substack{\text{Vorhersage} \\ \text{des Modells}}$$

Zur Verarbeitung aller gemessener Daten $u(k)$ für $k = 0,1,2, \ \ldots, \ m+N-1$ und $y(k)$ für $k = d, \ d+1, \ \ldots, \ m+d+N$ werden folgende Vektoren und Matrizen vereinbart

$$\underline{y}^T = [y(m+d) \ y(m+d+1) \ \ldots \ y(m+d+N) ] \tag{4.2-14}$$

$$\underline{\Psi} = \begin{bmatrix} -y(m+d-1) & -y(m+d-2) & \ldots & -y(d) & u(m-1) & u(m-2) & \ldots & u(0) \\ -y(m+d) & -y(m+d-1) & \ldots & -y(d+1) & u(m) & u(m-1) & \ldots & u(1) \\ \vdots & \vdots & & \vdots & \vdots & \vdots & & \vdots \\ -y(m+d+N-1) & -y(m+d+N-2) & \ldots & -y(d+N) & u(m+N-1) & u(m+N-2) & \ldots & u(N) \end{bmatrix}$$

$$\tag{4.2-15}$$

$$\underline{e}^T = [e(m+d) \ e(m+d+1) \ \ldots \ e(m+d+N) ]. \tag{4.2-16}$$

Dann lautet Gl.(4.2-13)

$$\underline{e} = \underline{y} - \underline{\Psi} \ \hat{\underline{\Theta}}. \tag{4.2-17}$$

Durch Minimieren der Verlustfunktion

$$V = \underline{e}^T\underline{e} = \sum_{k=m+d}^{m+d+N} e^2(k) \tag{4.2-18}$$

erhält man aus

$$\left. \frac{dV}{d\underline{\Theta}} \right|_{\underline{\Theta} = \hat{\underline{\Theta}}} = \underline{0} \tag{4.2-19}$$

analog zur Ableitung von Gl.(4.1-23) die Schätzgleichung

$$\hat{\underline{\Theta}} = [\underline{\Psi}^T \underline{\Psi}]^{-1} \, \underline{\Psi}^T \underline{y}. \tag{4.2-20}$$

Man muß also die Matrix

$$\underline{\Psi}^T \underline{\Psi} = \text{siehe nächste Seite} \tag{4.2-21}$$

invertieren und mit dem Vektor

$$\underline{\Psi}^T \underline{y} = \text{siehe nächste Seite} \tag{4.2-22}$$

multiplizieren. Der Term $[\underline{\Psi}^T \underline{\Psi}]^{-1} \underline{\Psi}^T$, der durch die Auflösung von Gl. (4.2-19) nach $\underline{\Theta}$ entstand, entspricht der Invertierten $\underline{\Psi}^{-1}$ für den Fall, daß $\underline{\Psi}$ quadratisch ist, denn dann wäre

$$[\underline{\Psi}^T \underline{\Psi}]^{-1} \underline{\Psi}^T = [\underline{\Psi}^T \underline{\Psi}]^{-1} \underline{\Psi}^T \underline{\Psi} \, \underline{\Psi}^{-1} = \underline{\Psi}^{-1}.$$

Man beachte, daß die Matrix $\underline{\Psi}^T \underline{\Psi}$ symmetrisch ist und unabhängig von der Meßzeit die Ordnung 2m x 2m hat. Sie darf nicht singulär sein, damit sie invertiert werden kann. Über die bei der numerischen Inversion manchmal auftretenden Schwierigkeiten wird in Abschnitt 4.5 berichtet.

Dividiert man $\underline{\Psi}^T \underline{\Psi}$ und $\underline{\Psi}^T \underline{y}$ durch (N+1) dann sind ihre Elemente Schätzwerte von Korrelationsfunktionen, allerdings mit unterschiedlichen Anfangs- und Endzeiten.

$$(N+1)^{-1} \underline{\Psi}^T \underline{\Psi} =
\left[
\begin{array}{cccc|ccc}
\phi_{yy}^N(0) & \phi_{yy}^N(1) & \cdots & \phi_{yy}^N(m-1) & -\phi_{uy}^N(d) & \cdots & -\phi_{uy}^N(d+m-1) \\[4pt]
 & \phi_{yy}^N(0) & \cdots & \phi_{yy}^N(m-2) & -\phi_{uy}^N(d-1) & \cdots & -\phi_{uy}^N(d+m-2) \\[4pt]
 & & \ddots & \vdots & \vdots & & \vdots \\[4pt]
 & & & \phi_{yy}^N(0) & -\phi_{uy}^N(d-m+1) & \cdots & -\phi_{uy}^N(d) \\[4pt]
\hline
 & & & & \phi_{uu}^N(0) & \cdots & \phi_{uu}^N(m-1) \\[4pt]
 & & & & & & \phi_{uu}^N(m-2) \\[4pt]
 & & & & & \ddots & \vdots \\[4pt]
 & & & & & & \phi_{uu}^N(0)
\end{array}
\right] \tag{4.2-23}$$

$$\underline{\Psi}^T\underline{\Psi} =
\left[
\begin{array}{cccc:ccc}
\displaystyle\sum_{k=m+d-1}^{m+d+N-1} y^2(k) & \displaystyle\sum_{k=m+d-1}^{m+d+N-1} y(k)y(k-1) & \cdots & \displaystyle\sum_{k=m+d-1}^{m+d+N-1} y(k)y(k-m+1) & -\displaystyle\sum_{k=m+d-1}^{m+d+N-1} y(k)u(k-d) & \cdots & -\displaystyle\sum_{k=m+d-1}^{m+d+N-1} y(k)u(k-d-m+1) \\[2em]
\displaystyle\sum_{k=m+d-2}^{m+d+N-2} y(k)y(k+1) & \displaystyle\sum_{k=m+d-2}^{m+d+N-2} y^2(k) & \cdots & \displaystyle\sum_{k=m+d-2}^{m+d+N-2} y(k)y(k-m+2) & -\displaystyle\sum_{k=m+d-2}^{m+d+N-2} y(k)u(k-d+1) & \cdots & -\displaystyle\sum_{k=m+d-2}^{m+d+N-2} y(k)u(k-d-m+2) \\[2em]
\vdots & \vdots & \ddots & \vdots & \vdots & & \vdots \\[1em]
 & & & \displaystyle\sum_{k=d}^{d+N} y^2(k) & -\displaystyle\sum_{k=d}^{d+N} y(k)u(k-d+m-1) & \cdots & -\displaystyle\sum_{k=d}^{d+N} y(k)u(k-d) \\[2em]
\hdashline
 & & & & \displaystyle\sum_{k=m-1}^{m+N-1} u^2(k) & \cdots & \displaystyle\sum_{k=m-1}^{m+N-1} u(k)u(k-m+1) \\[2em]
 & & & & & & \displaystyle\sum_{k=m-2}^{m+N-2} u(k)u(k-m+2) \\[2em]
\vdots & \vdots & & \vdots & \vdots & \ddots & \vdots \\[1em]
 & & & & & & \displaystyle\sum_{k=0}^{N} u^2(k)
\end{array}
\right]
\tag{4.2-21}$$

$$;\qquad
\underline{\Psi}^T\underline{y} =
\left[
\begin{array}{c}
-\displaystyle\sum_{k=m+d}^{m+d+N} y(k)\,y(k-1) \\[2em]
-\displaystyle\sum_{k=m+d}^{m+d+N} y(k)\,y(k-2) \\[2em]
\vdots \\[1em]
-\displaystyle\sum_{k=m+d}^{m+d+N} y(k)\,y(k-m) \\[2em]
\hdashline
\displaystyle\sum_{k=m+d}^{m+d+N} y(k)\,u(k-d-1) \\[2em]
\vdots \\[1em]
\displaystyle\sum_{k=m+d}^{m+d+N} y(k)\,u(k-d-m)
\end{array}
\right]
\tag{4.2-22}$$

$$(N+1)^{-1} \underline{\psi}^T \underline{y} = \begin{bmatrix} -\phi_{yy}^N(1) \\ -\phi_{yy}^N(2) \\ \vdots \\ -\phi_{yy}^N(m) \\ \hline \phi_{uy}^N(d+1) \\ \vdots \\ \phi_{uy}^N(d+m) \end{bmatrix} \qquad (4.2\text{-}24)$$

### 4.2.2 Konvergenz

Zur Bildung des *Erwartungswertes* der Parameterschätzwerte werde angenommen, daß die Parameter $\hat{\underline{\theta}}$ des Modelles bereits exakt mit den wahren Parametern $\underline{\theta}_0$ übereinstimmen. Es werde ferner angenommen, daß die Erwartungswerte der Korrelationsfunktionen

$$E\{\phi_{uu}^N(\tau)\} = \overline{\phi}_{uu}(\tau)$$

$$E\{\phi_{yy}^N(\tau)\} = \overline{\phi}_{yy}(\tau)$$

$$E\{\phi_{uy}^N(\tau)\} = \overline{\phi}_{uy}(\tau)$$

existieren für $1 \leqq \tau \leqq d+m$. Der Index N bedeutet endliche Meßzeit.

Die Bedingungen für eine biasfreie Parameterschätzung lassen sich dann wie folgt ableiten. Aus Gl.(4.2-20) folgt mit Gl.(4.2-17)

$$E\{\hat{\underline{\theta}}\} = E\{[\underline{\psi}^T\underline{\psi}]^{-1} \underline{\psi}^T\underline{\psi}\,\underline{\theta}_0 + [\underline{\psi}^T\underline{\psi}]^{-1} \underline{\psi}^T\underline{e}\}$$

$$= \underline{\theta}_0 + E\{[\underline{\psi}^T\underline{\psi}]^{-1} \underline{\psi}^T\underline{e}\} \qquad (4.2\text{-}25)$$

wobei

$$\underline{b} = E\{[\underline{\psi}^T\underline{\psi}]^{-1} \underline{\psi}^T\underline{e}\} \qquad (4.2\text{-}26)$$

ein Bias ist. Die oben getroffene Annahme $\hat{\underline{\theta}} = \underline{\theta}_0$ wird dann erfüllt, wenn der Bias verschwindet, also

Satz 4.2.1 Die mit der Methode der kleinsten Quadrate geschätzten Parameter eines linearen diskreten Prozesses sind biasfrei, wenn $\underline{\psi}^T$ und $\underline{e}$ nicht korreliert sind und $E\{\underline{e}\} = \underline{0}$ ist. Dann gilt

$$\underline{b} = E\{[\underline{\psi}^T\underline{\psi}]^{-1} \underline{\psi}^T\} \cdot E\{\underline{e}\} = \underline{0}. \qquad (4.2\text{-}27)$$

Es wird nun untersucht, wann $\underline{\psi}^T$ und $\underline{e}$ nicht korreliert sind.

Aus Gl.(4.2-24) folgt

$$(N+1)E\{\underline{\psi}^T\underline{e}\} = E\left\{\begin{bmatrix} -\Phi_{ye}^N(1) \\ \vdots \\ -\Phi_{ye}^N(m) \\ \hline \Phi_{ue}^N(d+1) \\ \vdots \\ \Phi_{ue}^N(d+m) \end{bmatrix}\right\} = E\left\{\begin{bmatrix} -\Phi_{ye}^N(1) \\ \vdots \\ -\Phi_{ye}^N(m) \\ \hline 0 \\ \vdots \\ 0 \end{bmatrix}\right\}. \qquad (4.2-28)$$

Hierbei wurde berücksichtigt, daß für $\hat{\underline{\Theta}} = \underline{\Theta}_O$ das Eingangssignal $u(k)$ nicht mit dem Fehlersignal $e(k)$ korreliert ist. Für die verbleibenden Komponenten gilt

$$\Phi_{ye}^N(\tau) = \frac{1}{N+1} \sum_{k=m+d}^{m+d+N} e(k)y(k-\tau) \quad 1 \overset{\leq}{=} \tau \overset{\leq}{=} m. \qquad (4.2-29)$$

Nach Gl.(4.2-7) gilt

$$y(k) = y_u(k) + n(k).$$

Somit gilt für den Gleichungsfehler nach Gl.(4.2-13)

$$e(k) = y(k) - \underline{\psi}^T(k)\underline{\Theta}_O = y_u(k) + n(k) - \underline{\psi}_u^T(k)\underline{\Theta}_O - \underline{\psi}_n^T(k)\underline{\Theta}_O$$
$$= n(k) - \underline{\psi}_n^T(k)\underline{\Theta}_O \qquad (4.2-30)$$

wobei

$$\underline{\psi}_n^T(k) = [-n(k-1) \ \ldots \ -n(k-m) \ \vdots \ 0 \ \ldots \ 0]. \qquad (4.2-31)$$

Der Gleichungsfehler ist also nur noch von $n(k)$ abhängig.

Führt man Gl.(4.2-7) in Gl.(4.2-29) ein und beachtet, daß $y_u(k)$ nicht mit $e(k)$ korreliert ist, dann folgt

$$\Phi_{ye}^N(\tau) = \frac{1}{N+1} \sum_{k=m+d}^{k=m+d+N} e(k)n(k-\tau) \quad 1 \overset{\leq}{=} \tau \overset{\leq}{=} m. \qquad (4.2-32)$$

Diese Kreuzkorrelationsfunktion muß nach Satz 4.2.1 zu Null werden; $e(k)$ und $n(k)$ dürfen also nicht korreliert sein.

Aus Gl.(4.2-30) folgt

$$n(k-\tau) \quad = e(k-\tau) \quad + \underline{\psi}_n^T(k-\tau) \; \underline{\Theta}_0$$

$$n(k-\tau-1) = e(k-\tau-1) + \underline{\psi}_n^T(k-\tau-1) \; \underline{\Theta}_0$$

$$\vdots \qquad\qquad \vdots \qquad\qquad \vdots$$

Setzt man dies in Gl.(4.2-32) ein, dann wird

$$\Phi_{ye}^N(\tau) = \sum_{j=0}^{\infty} \alpha_j \Phi_{ee}^N(\tau+j) \qquad 1 \leqq \tau \leqq m \tag{4.2-33}$$

$$\alpha_0 = 1; \; \alpha_1 = -a_1; \; \alpha_2 = a_1^2 - a_2; \; \ldots$$

Somit wird

$$E\{\Phi_{ye}(\tau)\} = \overline{\Phi}_{ye}(\tau) = 0$$

$$\text{falls } \overline{\Phi}_{ee}(1) = \overline{\Phi}_{ee}(2) = \ldots = 0. \tag{4.2-34}$$

e(k) muß also ein nichtkorreliertes Signal sein, für das nur die Autokorrelationsfunktion für $\tau = 0$ existiert

$$\Phi_{ee}(0) = \overline{e^2(k)} = \sigma_e^2.$$

<u>Satz 4.2.2</u> Die nach der Methode der kleinsten Quadrate geschätz-
ten Parameter eines linearen diskreten Prozesses sind biasfrei,
wenn das *Fehlersignal* e(k) *nicht autokorreliert* ist

$$\Phi_{ee}(\tau) = \sigma_e^2 \, \delta(\tau); \qquad \delta(\tau) = \begin{cases} 1 \text{ für } \tau = 0 \\ 0 \text{ für } |\tau| \neq 0 \end{cases} \tag{4.2-35}$$

und den *Mittelwert Null* hat

$$E\{e(k)\} = 0.$$

Aus Gl.(4.2-29) folgt ferner mit Gl.(4.2-7) und Gl.(4.2-30)

$$E\{\Phi_{ye}^N(\tau)\} = \overline{\Phi}_{nn}(\tau) + a_1\overline{\Phi}_{nn}(\tau-1) + a_2\overline{\Phi}_{nn}(\tau-2) + \ldots + a_m\overline{\Phi}_{nn}(\tau-m).$$

$$1 \leqq \tau \leqq m. \tag{4.2-36}$$

Dieser Erwartungswert verschwindet, falls

$$\sum_{i=0}^{m} a_i\overline{\Phi}_{nn}(\tau-i) = 0 \qquad 1 \leqq \tau \leqq m. \tag{4.2-37}$$

Diese Gleichung ist die Yule-Walker-Gleichung eines autoregressiven
Prozesses m-ter Ordnung, Box-Jenkins (1970). Das Störsignal n(k) muß
also ein autoregressiver Prozeß m-ter Ordnung mit den Koeffizienten
von $A(z^{-1})$ sein.

Auch wenn n(k) weißes Rauschen ist, ist

$$E\{\Phi_{ye}^{N}(\tau)\} = a_{\tau}\overline{\Phi}_{nn}(O) \neq O.$$

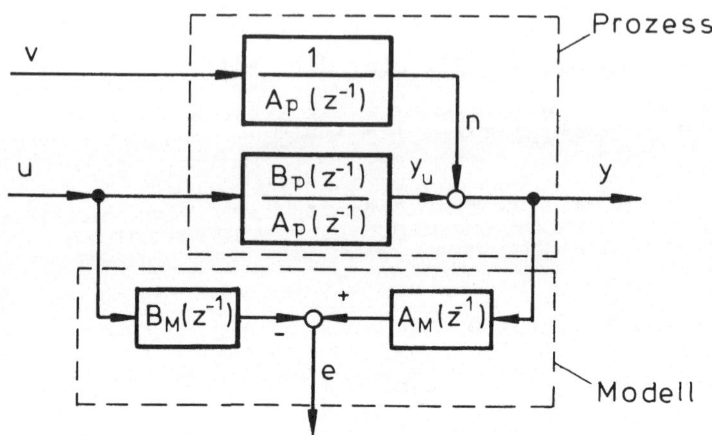



Bild 4.5 Erforderliche Struktur des Prozesses für biasfreie Parameterschätzung mit der Methode der kleinsten Quadrate. v, weißes
Rauschen

Die Methode der kleinsten Quadrate liefert also nur für Prozesse mit
der in Bild 4.5 angegebenen Struktur und weißem Rauschen v als Störsignal biasfreie Schätzwerte. Da diese Struktur, wenn überhaupt, nur
sehr selten auftreten kann, ist die Schätzung der Parameter dynamischer Prozesse mit der Methode der kleinsten Quadrate im allgemeinen
nur mit Bias möglich. Dieser Bias ist um so größer, je größer das
Verhältnis von Störsignal zu Nutzsignal ist.

Die *Kovarianz* der Parameterfehler $\Delta\underline{\Theta} = \hat{\underline{\Theta}} - \underline{\Theta}_0$ ist mit Gl.(4.2-25)

$$\begin{aligned}
\text{cov}\,[\Delta\underline{\Theta}] &= E\{(\hat{\underline{\Theta}}-\underline{\Theta}_0)(\hat{\underline{\Theta}}-\underline{\Theta}_0)^T\} \\
&= E\{([\underline{\Psi}^T\underline{\Psi}]^{-1}\underline{\Psi}^T\underline{e})([\underline{\Psi}^T\underline{\Psi}]^{-1}\underline{\Psi}^T\underline{e})^T\} \\
&= E\{[\underline{\Psi}^T\underline{\Psi}]^{-1}\underline{\Psi}^T\underline{e}\,\underline{e}^T\,\underline{\Psi}[\underline{\Psi}^T\underline{\Psi}]^{-1}\}
\end{aligned} \qquad (4.2\text{-}38)$$

Man beachte hierbei $\left[[\underline{\Psi}^T\underline{\Psi}]^{-1}\right]^T = [\underline{\Psi}^T\underline{\Psi}]^{-1}$, da $[\underline{\Psi}^T\underline{\Psi}]$ symmetrisch ist.

Wenn $\underline{\Psi}$ und $\underline{e}$ statistisch unabhängig sind, gilt

$$\text{cov}\,[\Delta\underline{\Theta}] = E\{[\underline{\Psi}^T\underline{\Psi}]^{-1}\underline{\Psi}^T\}\,E\{\underline{e}\,\underline{e}^T\}\,E\{\underline{\Psi}[\underline{\Psi}^T\underline{\Psi}]^{-1}\} \qquad (4.2\text{-}39)$$

und wenn $\underline{e}$ nicht korreliert ist

$$E\{\underline{e}\ \underline{e}^T\} = \sigma_e^2 \cdot \underline{I}. \tag{4.2-40}$$

Somit wird die Kovarianzmatrix

$$\text{cov}\ [\Delta\underline{\theta}] = \sigma_e^2\ E\{\ [\underline{\Psi}^T\underline{\Psi}]^{-1}\ \}$$

$$= \sigma_e^2\ E\{\ [(N+1)^{-1}\underline{\Psi}^T\underline{\Psi}]^{-1}\ \}\ \frac{1}{N+1}\ . \tag{4.2-41}$$

Die Varianzen der Parameterfehler stehen in der Diagonalen. Da
die Streuung der Parameterfehler mit $1/\sqrt{N+1}$ abnimmt und für $N \to \infty$
verschwindet, sind die Parameterschätzwerte konsistent im quadratischen Mittel, sofern Satz 4.2.1 erfüllt ist.

Im allgemeinen ist $\sigma_e^2$ nicht bekannt. Dann kann es biasfrei geschätzt
werden mit

$$\sigma_e^2 \approx \hat{\sigma}_e^2(N)\ =\ \frac{1}{N+1-2m}\ \underline{e}^T(N)\ \underline{e}(N) \tag{4.2-42}$$

wobei

$$\underline{e} = \underline{y} - \underline{\Psi}\ \hat{\underline{\theta}}.$$

Siehe Kendall, Stuart (1960), Johnston (1963), S. 128, oder Mendel
(1973), S. 84. Ein Beispiel zur Methode der kleinsten Quadrate wird
im Anhang gebracht.
Alle bei der Ableitung und der Konvergenzuntersuchung gemachten Voraussetzungen werden in einem Satz zusammengefaßt.

Satz 4.2.3 Die Parameter einer stabilen, linearen Differenzon-
gleichung können mit der Methode der kleinsten Quadrate nach
Gl.(4.2-20) im quadratischen Mittel konsistent geschätzt werden,
wenn folgende notwendige Bedingungen erfüllt sind:


a) Prozeßordnung m und Totzeit d müssen im voraus bekannt sein.

b) Eingangssignal $u(k) = U(k) - U_{00}$ muß exakt meßbar und Beharrungswert $U_{00}$ exakt bekannt sein.

c) Ausgangssignal $y(k) = Y(k) - Y_{00}$ darf durch stationäres,
   stochastisches Störsignal $n(k)$ gestört werden. Beharrungswert $Y_{00}$ muß exakt bekannt sein und zu $U_{00}$ gehören.

d) Fehlersignal $e(k)$ ist nicht korreliert.

e) $E\{e(k)\} = 0$.

Es folgen hiermit:

- Aus e) und Gl.(4.2-30): $E\{n(k)\} = 0$.
- Aus a), b) und Gl.(4.2-30): $e(k)$ nicht korreliert mit $u(k)$ für $\hat{\underline{\Theta}} = \underline{\Theta}_0$.

Wenn die *Beharrungswerte* $Y_{OO}$ *und* $U_{OO}$, Gl.(4.2-2) *nicht bekannt* sind, kann man sie wie folgt mit den Parametern schätzen.

Gl.(4.2-2) in (4.2-1) eingesetzt, ergibt mit $b_O = 0$

$$Y(k) + a_1 Y(k-1) + \ldots + a_m Y(k-m) - \underbrace{(1 + a_1 + \ldots + a_m)\, Y_{OO}}_{Y^*_{OO}}$$

$$= b_1 U(k-d-1) + \ldots + b_m U(k-d-m) - \underbrace{(b_1 + \ldots + b_m)\, U_{OO}}_{U^*_{OO}}$$

bzw.

$$Y(k) = Y^*_{OO} - a_1 Y(k-1) - \ldots - a_m Y(k-m)$$

$$-U^*_{OO} + b_1 U(k-d-1) + \ldots + b_m U(k-d-m) \tag{4.2-43}$$

$$Y(k) = \underline{\psi}^T(k)\, \underline{\Theta} \tag{4.2-44}$$

mit

$$\underline{\psi}^T(k) = [1 \quad -Y(k-1) \ \ldots \ -Y(k-m) \ \vdots \ -1 \ U(k-d-1) \ \ldots \ U(k-d-m)] \tag{4.2-45}$$

$$\underline{\Theta}^T = [Y^*_{OO} \ a_1 \ \ldots \ a_m \ \vdots \ U^*_{OO} \ b_1 \ \ldots \ b_m]. \tag{4.2-46}$$

Für den Gleichungsfehler gilt dann

$$e(k) = Y(k) - Y_M(k) = Y(k) - \underline{\psi}^T(k)\, \underline{\Theta} \tag{4.2-47}$$

und für die geschätzten Parameter

$$\hat{\underline{\Theta}} = [\underline{\psi}^T \underline{\psi}]^{-1} \underline{\psi}^T \underline{Y} \tag{4.2-48}$$

mit $\underline{Y}^T = [Y(m+d) \ Y(m+d+1) \ \ldots \ Y(m+d+N)]$ $\hfill$ (4.2-49)
$\underline{\psi}$ folgt aus $\underline{\psi}^T(k)$, Gl.(4.2-45)

<u>Satz 4.2.4</u> Wenn die Beharrungswerte des Eingangssignal $U_{OO}$ und des Ausgangssignal $Y_{OO}$ nicht bekannt sind, dann ist die Parameterschätzung einer stabilen, linearen Differenzengleichung nach Gl. (4.2-48) im quadratischen Mittel konsistent, wenn folgende Bedingungen erfüllt sind:

a) Ordnung m und Totzeit d müssen im voraus bekannt sein.

b) Eingangssignal U(k) muß exakt meßbar sein.

c) Ausgangssignal Y(k) darf durch stationäres, stochastisches
   Störsignal n(k) gestört werden.

d) Fehlersignal e(k) darf nicht korreliert sein.

e) $E\{e(k)\} = O$.

Man beachte jedoch, daß die Beharrungswerte $Y_{OO}$ und $U_{OO}$ nicht zu groß
sind im Vergleich zu den Änderungen y(k) und u(k), da sich sonst eine
schlecht konditionierte Matrix $\underline{\Psi}^T\underline{\Psi}$ ergibt, vgl. Abschnitt 4.5.


## 4.3 Rekursive Methode der kleinsten Quadrate

Die bisher betrachtete Methode der kleinsten Quadrate setzte voraus,
daß die Signale nach der Messung gespeichert werden, bevor die Parameter in einem Zug berechnet werden konnten. Bei langen Meßzeiten
kann deshalb der erforderliche Speicherbedarf im Digitalrechner un-
erwünscht ansteigen. Hier schaffen die rekursiven Methoden Abhilfe,
bei denen die Parameter nach jedem neuen Meßwert berechnet werden,
sodaß eine Speicherung der vergangenen Meßwerte nicht notwendig ist.
Rekursive Parameterschätzmethoden sind erforderlich zur On-line-Identifikation in Echtzeit, bei der Messung und Auswertung zu gleicher
Zeit erfolgen müssen.

Die Ableitung der Methode der kleinsten Quadrate in rekursiver Form
soll für die dynamischen Prozesse erfolgen. Sie gilt analog für alle
anderen Fälle.

Einen Algorithmus zur rekursiven Parameterschätzung erhält man durch
Umwandeln von Gl.(4.2-20) in eine rekursive Gleichung.

Es werde die Abkürzung

$$\underline{P}(k) = [\underline{\Psi}^T(k)\,\underline{\Psi}(k)\,]^{-1} \tag{4.3-1}$$

eingeführt und daran erinnert, daß $\underline{P}(k)$ symmetrisch ist. Die Schätzgleichung lautet dann beim k-ten Schritt

$$\hat{\underline{\Theta}}(k) = \underline{P}(k)\,\underline{\Psi}^T(k)\,\underline{y}(k) \tag{4.3-2}$$

wobei

$$\underline{y}(k) = \begin{bmatrix} y(1) \\ y(2) \\ \vdots \\ y(k) \end{bmatrix} \qquad \underline{\Psi}(k) = \begin{bmatrix} \psi^T(1) \\ \psi^T(2) \\ \vdots \\ \psi^T(k) \end{bmatrix} \tag{4.3-3}$$

$$\underline{\psi}^T(k) = [-y(k-1) \; -y(k-2) \; \ldots \; -y(k-m) \; | \; u(k-d-1) \; \ldots \; u(k-d-m)].$$

Entsprechend lautet die Schätzgleichung beim (k+1)-ten Schritt

$$\hat{\underline{\Theta}}(k+1) = \underline{P}(k+1) \; \underline{\Psi}^T(k+1) \; \underline{y}(k+1). \tag{4.3-4}$$

Diese Gleichung läßt sich aufgespaltet schreiben

$$\hat{\underline{\Theta}}(k+1) = \underline{P}(k+1) \begin{bmatrix} \underline{\Psi}(k) \\ \underline{\psi}^T(k+1) \end{bmatrix}^T \begin{bmatrix} \underline{y}(k) \\ y(k+1) \end{bmatrix}$$

$$= \underline{P}(k+1) \; [\underline{\Psi}^T(k)\underline{y}(k) + \underline{\psi}(k+1) \; y(k+1)]. \tag{4.3-5}$$

Durch Addieren und Subtrahieren von $\hat{\underline{\Theta}}(k)$ erhält man mit Gl.(4.3-2)

$$\hat{\underline{\Theta}}(k+1) = \hat{\underline{\Theta}}(k) + [\underline{P}(k+1)\underline{P}^{-1}(k) - \underline{I}] \; \hat{\underline{\Theta}}(k) + \underline{P}(k+1)\underline{\psi}(k+1)y(k+1). \tag{4.3-6}$$

Hierbei ist

$$\underline{P}(k+1) = \left[ \begin{bmatrix} \underline{\Psi}(k) \\ \underline{\psi}^T(k+1) \end{bmatrix}^T \begin{bmatrix} \underline{\Psi}(k) \\ \underline{\psi}^T(k+1) \end{bmatrix} \right]^{-1}$$

$$= [\underline{P}^{-1}(k) + \underline{\psi}(k+1) \; \underline{\psi}^T(k+1)]^{-1} \tag{4.3-7}$$

und daraus folgt

$$\underline{P}^{-1}(k) = \underline{P}^{-1}(k+1) - \underline{\psi}(k+1)\underline{\psi}^T(k+1). \tag{4.3-8}$$

Dies in Gl.(4.3-6) eingesetzt ergibt

$$\hat{\underline{\Theta}}(k+1) = \hat{\underline{\Theta}}(k) + \underline{P}(k+1)\underline{\psi}(k+1) \; [y(k+1) - \underline{\psi}^T(k+1)\hat{\underline{\Theta}}(k)] \tag{4.3-9}$$

$$\begin{matrix} \text{Neuer} \\ \text{Schätz-} \\ \text{wert} \end{matrix} = \begin{matrix} \text{Alter} \\ \text{Schätz-} \\ \text{wert} \end{matrix} + \begin{matrix} \text{Korrektur-} \\ \text{faktor} \end{matrix} \begin{bmatrix} \text{neuer} \\ \text{Meßwert} \end{bmatrix} \begin{matrix} \text{vorhergesagter} \\ - \text{Meßwert aufgrund} \\ \text{der Parameter des} \\ \text{letzten Schritts} \end{matrix} \Bigg] .$$

Damit wurde eine rekursive Schätzgleichung gefunden.

Man beachte, daß $E\{\underline{P}(k+1)\}$ nach Gl.(4.2-41) proportional zur Parameterfehlerkovarianzmatrix ist

$$E\{\underline{P}(k+1)\} = \frac{1}{\sigma_e^2} \; \text{cov} \; [\Delta\underline{\Theta}(k+1)]. \tag{4.3-10}$$

$\underline{P}(k+1)$ kann nach Gl.(4.3-7) berechnet werden. Es ist dann aber nach jedem Schritt eine Matrizeninversion erforderlich. Sie kann vermieden werden, wenn man den im Anhang bewiesenen Satz zur Matrizeninversion verwendet. Danach gilt anstelle von Gl.(4.3-7)

$$\underline{P}(k+1) = \underline{P}(k) - \underline{P}(k)\underline{\psi}(k+1)\left[\underline{\psi}^T(k+1)\underline{P}(k)\underline{\psi}(k+1)+1\right]^{-1}\underline{\psi}^T(k+1)\underline{P}(k).$$

$$(4.3-11)$$

Da der Ausdruck in der Klammer ein Skalar ist, erübrigt sich eine Matrizeninversion. Gl.(4.3-11) in (4.3-9) eingesetzt, ergibt

$$\underline{\hat{\Theta}}(k+1) = \underline{\hat{\Theta}}(k) + \underline{\gamma}(k)\left[y(k+1) - \underline{\psi}^T(k+1)\underline{\hat{\Theta}}(k)\right] \qquad (4.3-12)$$

mit dem Korrekturfaktor

$$\underline{\gamma}(k) = \frac{1}{\underline{\psi}^T(k+1)\underline{P}(k)\underline{\psi}(k+1)+1}\,\underline{P}(k)\underline{\psi}(k+1). \qquad (4.3-13)$$

Aus Gl.(4.3-11) folgt ferner

$$\underline{P}(k+1) = \left[\underline{I} - \underline{\gamma}(k)\underline{\psi}^T(k+1)\right]\underline{P}(k). \qquad (4.3-14)$$

Im ungestörten Fall, also $n(k) = 0$, können die 2m unbekannten Parameter für $d = 0$ nach $k = 2m$ gemessenen Signalen $u(k)$ und $y(k)$ berechnet werden, da dann für die 2m unbekannten Parameter 2m Gleichungen zur Verfügung stehen. Nach Gl.(4.2-20) gilt dann

$$\underline{\hat{\Theta}}(2m) = \left[\underline{\psi}^T(2m)\underline{\psi}(2m)\right]^{-1}\underline{\psi}^T(2m)\underline{y}(2m). \qquad (4.3-15)$$

Deshalb kann auch der rekursive Schätzalgorithmus erst für $k \geq 2m$ die richtigen Parameter liefern.

Zum *Start* des rekursiven Algorithmus Gl.(4.3-12) sind besondere Maßnahmen zu treffen. Es gibt folgende Möglichkeiten:

a) Man rechnet bis zu $k = 2m$ mit der nichtrekursiven Gleichung (4.3-15).

b) Wenn A-priori-Schätzwerte für die Parameter, $\underline{\hat{\Theta}}_{a\ priori}$, und ihre Fehlerkovarianz, cov $[\Delta\underline{\Theta}]$, bekannt sind, dann setzt man sie für $\underline{\hat{\Theta}}(0)$ und für $\underline{P}(0)$ ein, Gl.(4.3-10).

c) Man nimmt geeignete Werte für $\underline{\hat{\Theta}}(0)$ und $\underline{P}(0)$ an und verwendet anschließend die rekursive Gleichung, Lee (1964).

Falls man die Parameter $\underline{\hat{\Theta}}$ des Prozesses im voraus auch näherungsweise nicht kennt, setzt man am besten $\underline{\hat{\Theta}}(0) = \underline{0}$. Für $k = 2m$ gilt dann nach Gl.(4.3-1)

$$\underline{P}^{-1}(2m) = \underline{P}^{-1}(0) + \underline{\psi}^{T}(2m)\,\underline{\psi}(2m) \tag{4.3-16}$$

da $\underline{P}^{-1}(0)$ in $\underline{\psi}^{T}(2m)\,\underline{\psi}(2m)$ nicht enthalten ist. Damit die nach der rekursiven Gleichung berechneten Parameter möglichst nahe an die nach Gl. (4.3-15) berechneten Parameter herankommen, sollte $\underline{P}^{-1}(0)$ möglichst klein sein. Man nimmt für $\underline{P}(0)$ der Einfachheit halber eine Diagonalmatrix

$$\underline{P}(0) = \alpha\,\underline{I} \tag{4.3-17}$$

mit großen Werten von $\alpha$ an. Wenn der Prozeß für $k < 0$ im Beharrungszustand war, dann wird für $\alpha \rightarrow \infty$ nach Gl. (4.3-13) mit $d = 0$, $u(k) = 0$ für $k \overset{<}{=} 0$

$$\underset{\lim\,\alpha\rightarrow\infty}{\underline{\gamma}(0)} = \frac{\underline{\psi}(1)}{\underline{\psi}^{T}(1)\underline{\psi}(1)} = \frac{1}{u^{2}(0)}\,[0\,\ldots\,0\!\mid\!u(0)\,\ldots\,0]^{T}.$$

Aus Gl. (4.3-13) folgt, daß eine Vergrößerung von $\alpha$ keinen wesentlichen Einfluß auf $\underline{\gamma}(0)$ hat, falls

$$\underline{\psi}^{T}(1)\underline{P}(0)\underline{\psi}(1) \gg 1$$

also     $\alpha\,u^{2}(0) \gg 1$

$\alpha$ muß je nach Größe von $u(0)$ gewählt werden. Für $u(0) = 1$ z.B. reicht schon $\alpha = 10$ aus. Vgl. Lee (1964), S.117.

Enthält das Modell eine Totzeit $d$, dann ist in Gl. (4.3-15) und (4.3-16) $k = 2m + d$ zu setzen. Der rekursive Algorithmus kann aber trotzdem bei $k = 0$ gestartet werden.

Falls sich der Prozeß jedoch für $k = 0$ bereits in einem auf das Eingangssignal eingeschwungenen Zustand befindet, dann mißt man zunächst $m$ Werte von $y(k)$ und $u(k)$, füllt dann den Vektor $\underline{\psi}(m)$ und startet die Gl. (4.3-12) mit $\underline{\psi}(m)$ und $\underline{P}(0)$.

Es werde nun der *Verlauf des Korrekturfaktors*

$$\underline{\gamma}(k) = \underline{P}(k+1)\underline{\psi}(k+1) = \underline{P}(k)\underline{\psi}(k+1)\,[\underline{\psi}^{T}(k+1)\underline{P}(k)\underline{\psi}(k+1)+1]^{-1} \tag{4.3-18}$$

betrachtet. Schreibt man Gl. (4.3-18) für $\underline{P}(k)$ und $\underline{P}(k-1)$ an, dann folgt durch Wiedereinsetzen

$$\underline{P}(k)\underline{\psi}(k+1) = \underline{P}(k-1)\underline{\psi}(k+1)\,[\underline{\psi}^{T}(k+1)\underline{P}(k-1)\underline{\psi}(k+1)+1]^{-1}$$

$$= \underline{P}(k-2)\underline{\psi}(k+1)\,[2\underline{\psi}^{T}(k+1)\underline{P}(k-2)\underline{\psi}(k+1)+1]^{-1}. \tag{4.3-19}$$

Wird das Wiedereinsetzen von Gl.(4.3-18) in sich selbst fortgesetzt, dann erhält man schließlich, Y.C. Ho (1962),

$$\underline{\gamma}(k) = \underline{P}(0)\underline{\psi}(k+1)\left[(k+1)\underline{\psi}^T(k+1)\underline{P}(0)\underline{\psi}(k+1)+1\right]^{-1}. \qquad (4.3-20)$$

Da der erste Term in der Klammer mit k zunimmt, nimmt der Korrekturfaktor ständig ab. Es folgt weiter

$$\lim_{k\to\infty}\underline{\gamma}(k) = \lim_{k\to\infty}\frac{1}{k+1}\,\underline{P}(0)\underline{\psi}(k+1)\left[\underline{\psi}^T(k+1)\underline{P}(0)\underline{\psi}(k+1)\right]^{-1} \qquad (4.3-21)$$

und mit Gl.(4.3-17)

$$\lim_{k\to\infty}\underline{\gamma}(k) = \lim_{k\to\infty}\frac{1}{k+1}\,\underline{\psi}(k+1)\left[\underline{\psi}^T(k+1)\underline{\psi}(k+1)\right]^{-1}. \qquad (4.3-22)$$

Für große k ist der Korrekturfaktor also proportional zu 1/(k+1) und unabhängig von den Werten α der Startmatrix $\underline{P}$(0). Da $\underline{\psi}^T\underline{\psi}$ ein Skalar ist, folgt aus Gl.(4.3-22) und (4.3-18) unmittelbar

$$\lim_{k\to\infty}\underline{P}(k+1) = \lim_{k\to\infty}\frac{1}{k+1}\left[\underline{\psi}^T(k+1)\underline{\psi}(k+1)\right]^{-1}\underline{I}. \qquad (4.3-23)$$

Die Gewichtsmatrix $\underline{P}$(k+1) wird also für große k eine Diagonalmatrix mit proportional zu 1/(k+1) abnehmenden Koeffizienten.

Mit Gl.(4.3-10) gilt ferner

$$\lim_{k\to\infty}\text{cov}[\Delta\underline{\theta}] = \lim_{k\to\infty}\frac{\sigma_e^2}{k+1}\,E\left\{\left[\underline{\psi}^T(k+1)\underline{\psi}(k+1)\right]^{-1}\right\}\underline{I}. \qquad (4.3-24)$$

Die Parameterfehler-Kovarianzmatrix wird also für k → ∞ zu einer Diagonalmatrix, deren Diagonalelemente (Varianzen) gegen Null streben. Die Schätzung ist also konsistent im quadratischen Mittel.

Gl.(4.3-22) in Gl.(4.3-12) eingesetzt, ergibt

$$\lim_{k\to\infty}\hat{\underline{\theta}}(k+1) = \hat{\underline{\theta}}(k) + \frac{1}{k+1}\,\frac{1}{\underline{\psi}^T(k+1)\underline{\psi}(k+1)}\,\underline{\psi}(k+1)\left[y(k+1)-\underline{\psi}^T(k+1)\hat{\underline{\theta}}(k)\right].$$
$$(4.3-25)$$

Hierbei ist $\underline{\psi}^T(k+1)\underline{\psi}(k+1)$ ein Skalar, dessen Erwartungswert

$$E\{\psi^T(k+1)\psi(k+1)\} = m[E\{y^2(k)\}+E\{u^2(k)\}] = m[\Phi_{yy}(0)+\Phi_{uu}(0)]$$
$$= \kappa$$

ist. Ersetzt man $\psi^T(k+1)\psi(k+1)$ durch dessen Erwartungswert κ dann lautet Gl.(4.3-25)

$$\lim_{k\to\infty}\hat{\underline{\theta}}(k+1) = \hat{\underline{\theta}}(k) + \frac{1}{k+1}\cdot\frac{1}{\kappa}\cdot\underline{\psi}(k+1)\left[y(k+1)-\underline{\psi}^T(k+1)\hat{\underline{\theta}}(k)\right].$$
$$(4.3-26)$$

Diese Gleichung ist identisch mit der Schätzgleichung der stochastischen Approximation. Für große k geht die Schätzgleichung der rekursiven Methode der kleinsten Quadrate also in eine Form der *stochastischen Approximation* über, vgl. Kapitel 5.

Die rekursive Schätzgleichung der Methode der kleinsten Quadrate läßt sich in einem *Blockschaltbild* darstellen, Bild 4.6.

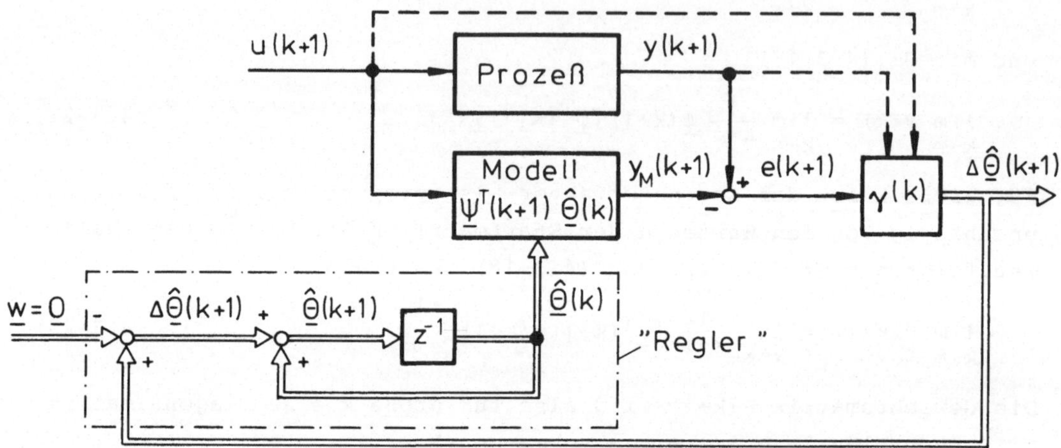


Bild 4.6 Blockschaltbild der rekursiven Parameterschätzung nach der Methode der kleinsten Quadrate

Hierzu wird Gl.(4.3-12) in folgender Form angeschrieben:

<u>Stufe (k+1):</u>

(α) $\underline{\hat{\Theta}}$(k+1) = $\underline{\hat{\Theta}}$(k) + $\Delta\underline{\hat{\Theta}}$(k+1)

(β) $\Delta\underline{\hat{\Theta}}$(k+1) = $\underline{\gamma}$(k) [y(k+1) − $\underline{\psi}^T$(k+1) $\underline{\hat{\Theta}}$(k)] = $\underline{\gamma}$(k) e(k+1)

<u>Stufe (k+2):</u>

(γ) Setze $\underline{\hat{\Theta}}$(k+1) für $\underline{\hat{\Theta}}$(k)

(δ) siehe (α) und (β).

Es ergibt sich ein geschlossener Regelkreis mit $\Delta\underline{\hat{\Theta}}$(k+1) als Regelgröße, dem Sollwert $\underline{w}$ = $\underline{0}$, dem integralwirkenden "Regler" mit Totzeit 1

$$\frac{\underline{\hat{\Theta}}(k,z^{-1})}{\Delta\underline{\hat{\Theta}}(k+1,z^{-1})} = \frac{1}{1-z^{-1}} z^{-1}$$

und der Stellgröße $\underline{\hat{\Theta}}$(k). Die "Regelstrecke" besteht aus dem Modell und dem Korrekturfaktor $\underline{\gamma}$ (k). Da sowohl das Modell als auch der Multiplikator $\underline{\gamma}$ (k) in Abhängigkeit von den am Prozeß gemessenen Signalen u(k+1) und y(k+1) geändert werden, hat die "Regelstrecke" zeitvariantes Verhalten. Wenn $\underline{\gamma}$(0) bzw. $\underline{P}$(0) am Start zu groß gewählt werden, kann sich Instabilität einstellen. Wird $\underline{\gamma}$(0) zu klein gewählt, ergibt sich eine zu langsame Konvergenz.

## 4.4 Methode der gewichteten kleinsten Quadrate

Bei der einfachen Methode der kleinsten Quadrate wurden in der Verlustfunktion alle Gleichungsfehler e(k) gleich gewichtet. Versieht man diese Fehler mit unterschiedlichen Gewichten, dann erhält man eine allgemeinere Fassung der Methode der kleinsten Quadrate. Die Verlustfunktion Gl.(4.2-18) lautet dann z.B.

$$V = w(m+d)\,e^2(m+d) + w(m+d+1)\,e^2(m+d+1) +...+ w(m+d+N)\,e^2(m+d+N)$$

$$(4.4-1)$$

bzw. in allgemeiner Form

$$V = \underline{e}^T\underline{W}\,\underline{e} \qquad\qquad\qquad (4.4-2)$$

wobei $\underline{W}$ im allgemeinen eine symmetrische und positiv definite Matrix sein muß; denn nur der symmetrische Teil von $\underline{W}$ trägt zu V bei, und nur eine positiv definite Gewichtsmatrix sichert die Existenz einer in der Schätzgleichung erforderlichen Inversion. Für eine Gewichtung wie in Gl.(4.4-1) ist $\underline{W}$ eine Diagonalmatrix

$$W = \begin{bmatrix} w(m+d) & 0 & \cdots & 0 \\ 0 & w(m+d+1) & \cdots & 0 \\ \vdots & \vdots & \ddots & \vdots \\ 0 & 0 & \cdots & w(m+d+N) \end{bmatrix} \qquad (4.4-3)$$

Die Elemente dieser Matrix können z.B. so gewählt werden, daß die jüngsten Meßwerte stärker gewichtet werden als vergangene Werte, z.B. durch

$$w(k) = \lambda^{(m+d+N-k)} \qquad 0 < \lambda < 1. \qquad\qquad (4.4-4)$$

Diese Form der Gewichtung ist besonders bei zeitvarianten Prozessen angebracht.

Analog zur Ableitung der Gl.(4.1-23) oder (4.2-20) erhält man, beginnend mit Gl.(4.4-2), die Parameterschätzgleichung

$$\hat{\underline{\Theta}} = [\underline{\Psi}^T \underline{W} \ \underline{\Psi}]^{-1} \ \underline{\Psi}^T \underline{W} \ \underline{y}. \qquad\qquad\qquad (4.4-5)$$

Die Bedingungen für eine biasfreie Schätzung sind dieselben wie in
Satz 4.2.1 angegeben. Für die Kovarianz der Parameterfehler folgt
analog zu (4.2-38) falls $\underline{\Psi}$ und $\underline{e}$ statistisch unabhängig sind

$$\text{cov}[\Delta\underline{\Theta}] = E\{[\underline{\Psi}^T \underline{W} \ \underline{\Psi}]^{-1} \underline{\Psi}^T\} \underline{W} \ E\{\underline{e} \ \underline{e}^T\} \underline{W} \ E\{\underline{\Psi}[\underline{\Psi}^T \underline{W} \ \underline{\Psi}]^{-1}\}. \qquad (4.4-6)$$

Wenn die Gewichtsmatrix

$$\underline{W} = [E\{\underline{e} \ \underline{e}^T\}]^{-1} \qquad\qquad\qquad (4.4-7)$$

gewählt wird, dann reduziert sich Gl.(4.4-6) auf

$$\text{cov}[\Delta\underline{\Theta}]_{MV} = \left[\underline{\Psi}^T [\{\underline{e} \ \underline{e}^T\}]^{-1} \underline{\Psi}\right]^{-1} \qquad\qquad (4.4-8)$$

und es gilt

$$\text{cov}[\Delta\underline{\Theta}]_{MV} \leqq \text{cov}[\Delta\underline{\Theta}] \qquad\qquad\qquad (4.4-9)$$

d.h. die Wahl von Gl.(4.4-7) als Gewichtsmatrix liefert Parameterschätzwerte mit der kleinstmöglichen Varianz, Deutsch (1965). Schätzwerte mit minimaler Varianz werden auch *Markov-Schätzungen* genannt.
Es sei jedoch angemerkt, daß die Kovarianzmatrix der Gleichungsfehler
im allgemeinen nicht im voraus bekannt ist.

Falls das Fehlersignal $\underline{e}$ nicht korreliert ist, ist seine Kovarianzmatrix eine Diagonalmatrix, und aus Gl.(4.4-5) und (4.4-7) folgt für
die Schätzung mit kleinster Varianz

$$\hat{\underline{\Theta}} = [\underline{\Psi}^T \underline{\Psi}]^{-1} \underline{\Psi}^T \underline{y} \qquad\qquad\qquad (4.4-10)$$

also die Schätzgleichung der einfachen Methode der kleinsten Quadrate.

Die rekursive Form der Schätzgleichung Gl.(4.4-5) lautet, Mendel (1973),

$$\hat{\underline{\Theta}}(k+1) = \hat{\underline{\Theta}}(k) + \underline{\gamma}(k)[y(k+1) - \underline{\psi}^T(k+1)\hat{\underline{\Theta}}(k)] \qquad (4.4-11)$$

$$\underline{\gamma}(k) = \frac{1}{\underline{\psi}^T(k+1)\underline{P}(k)\underline{\psi}(k+1) + \dfrac{1}{w(k+1)}} \underline{P}(k)\underline{\psi}(k+1) \qquad (4.4-12)$$

$$\underline{P}(k+1) = [\underline{I} - \underline{\gamma}(k)\underline{\psi}^T(k+1)] \ \underline{P}(k). \qquad\qquad (4.4-13)$$

Gegenüber der einfachen Methode der kleinsten Quadrate, Gl.(4.3-12)
bis (4.3-14), ändert sich nur die Berechnung der Korrekturfaktoren $\underline{\gamma}(k)$,
Gl.(4.4-12). Anstelle von 1 steht $1/w(k+1)$.

## 4.5 Numerische Probleme

Bei der Berechnung der Parameterschätzwerte mit der direkten (nichtrekursiven) Methode der kleinsten Quadrate muß die 2m x 2m Matrix
$\underline{\Psi}^T\underline{\Psi} = \underline{A}$, Gl.(4.2-20), invertiert werden. Da hierzu ausschließlich Digitalrechner verwendet werden, interessieren numerische Verfahren zur
Matrixinversion. Diese Verfahren sind in vielen Büchern über Matrizen-
rechnung und numerische Rechenmethoden ausführlich behandelt. Da es
außerhalb des Rahmens dieses Bandes liegt, eine ausführliche Übersicht der vielfältigen Verfahren zu geben, sei hauptsächlich auf einige bei der numerischen Matrixinversion auftretenden Probleme hingewiesen. Eine ausführlichere, zusammenfassende Darstellung der verschiedenen Verfahren findet man z.B. bei Westlake (1968), Deutsch (1965),
(1969).

Zur Matrixinversion mit Digitalrechnern verwendet man nicht die bekannte Form der Cramer'schen Regel

$$\underline{A}^{-1} = \frac{\text{adj } \underline{A}}{\det \underline{A}} ,$$

da sie zuviel Rechenoperationen erfordert, sondern andere numerische
Verfahren, die man in direkte (geschlossene) und iterative Verfahren
unterteilt. Die direkten Verfahren liefern eine exakte Lösung mit einer
endlichen Zahl von Rechenoperationen. Die iterativen Verfahren sind
Suchverfahren, die unendlich viele Rechenoperationen benötigen, um die
exakte Lösung anzugeben.

Eine Übersicht der direkten Verfahren wird außer bei Westlake (1968)
und Deutsch (1965) bei Househoulder (1957), (1958) gegeben. Am häufig-
sten werden Verfahren verwendet, die die zu invertierende Matrix durch
eine geeignete Faktorisierung oder Modifikation in eine solche Form
bringen, die sich leicht invertieren läßt. Hierzu spaltet man die zu
invertierende Matrix in ein Produkt aus Matrizen mit unterer Dreiecksform, Diagonalform, oberer Dreiecksform auf (Gauß'sche Elimination,
Banachiewicz-, Cholesky-, Crout-, Doolittle - Verfahren), führt sie
in eine Diagonalform über (Gauß-Jordan - Verfahren), oder verwendet
orthogonale Vektoren. Im Fall der Methode der kleinsten Quadrate kann
dabei beachtet werden, daß die zu invertierende Matrix $\underline{\Psi}^T\underline{\Psi}$ symmetrisch
ist, da dadurch Vereinfachungen der Verfahren möglich sind.

Iterative Verfahren zur Matrixinversion sind im allgemeinen nicht geeignet, da sie zum Start mehr oder weniger gute Anfangswerte der Parameter voraussetzen und schlechte Konvergenzeigenschaften haben können.

Die Ergebnisse eines Vergleichs der wichtigsten Verfahren zur Matrixinversion bezüglich Genauigkeit, Rechenzeit, Speicherplatz, usw. zeigt Westlake (1968). Hiernach werden die Methoden, die auf dem Gauß'schen Eliminationsverfahren aufbauen, für symmetrische und nichtsymmetrische Matrizen empfohlen.

Aus einem anderen Vergleich mit Bezug auf Prozeßrechner  folgt, daß bei symmetrischen Matrizen die Zerlegung in drei Matrizen den kleinsten Speicherplatz benötigt und die kleinste Rechenzeit ergibt, Kant, Winkler (1971).

Die bisher genannten Verfahren setzen voraus, daß die Inverse der Matrix $\underline{A}$ existiert, d.h. daß $\underline{A}$ quadratisch und nicht singulär ist

$$\det \underline{A} \neq 0.$$

Nun hat das lineare Gleichungssystem, Gl.(4.2-20)

$$[\underline{\Psi}^T \underline{\Psi}]\, \hat{\Theta} = \underline{\Psi}^T \underline{y}$$

aber auch dann Lösungen, wenn $\underline{\Psi}^T \underline{\Psi}$ singulär ist. Diese Lösungen sind dann nicht mehr eindeutig und das zur Ableitung der Gl.(4.2-20) verwendete Standardverfahren der Multiplikation mit $\underline{\Psi}^T$ und dann Inversion der quadratischen Matrix $\underline{\Psi}^T \underline{\Psi}$ ist dann nicht mehr anwendbar. Man kann jedoch durch die Einführung einer Pseudoinversen Lösungen finden, die das Gleichungssystem im Sinne eines kleinsten quadratischen Fehlers lösen, Deutsch (1968).

Wesentlich zweckmäßiger als Lösungen für singuläre Gleichungssysteme zu suchen ist es jedoch, die Identifikation so durchzuführen, daß singuläre Matrizen vermieden werden. Um zu verhindern, daß die Matrix $\underline{\Psi}^T \underline{\Psi}$ singulär wird, müssen ihre Zeilen linear unabhängig sein. Das bedeutet, daß ihre Zeilen (oder Spalten) nicht gleich Null und verschieden sein müssen.

Es kann jedoch auch vorkommen, daß die Matrix näherungsweise singulär wird. Die Vektoren sind dann näherungsweise gleich, was z.B. eintrifft, wenn die Signale des zu identifizierenden Prozesses zu häufig abgetastet werden oder wenn der in den Signalwerten enthaltene Gleichanteil

zu groß ist. Man spricht dann von *schlecht konditionierten Gleichungen*
(bzw. Matrizen). Diese machen sich dadurch bemerkbar, daß kleine Fehler in den Meßwerten große Einflüsse auf die Schätzwerte haben. Ein
charakteristisches Merkmal für schlecht konditionierte Matrizen ist,
daß Parameterwerte, die beträchtlich von den wirklichen Lösungen der
Gleichungen abweichen, dennoch kleine Gleichungsfehler ergeben, Hart-
tree (1958).

Als Maß für die Konditionierung einer Matrix $\underline{A}$ kann die Berechnung
der Determinante von $\underline{A}^*$ verwendet werden, die dadurch entsteht, daß
die Zeilen von $\underline{A}$ durch Division der i-ten Zeile mit den Elementen
$a_{i1}$, $a_{i2}$, ..., $a_{in}$ durch

$$\left[ \sum_{j=1}^{n} a_{ij}^2 \right]^{\frac{1}{2}} .$$

normiert werden. Wenn dann

$$|\det \underline{A}^*| \overset{<}{=} 1$$

dann handelt es sich um eine schlecht konditionierte Matrix in bezug
auf die Berechnung ihrer Inversen, Westlake (1968). Für die Inversion
schlecht konditionierter symmetrischer Matrizen empfehlen Kant, Winkler (1971) die Zerlegung in drei Matrizen und das Cholesky-Verfahren.

<u>Bemerkung 4.5.1</u> Um einige Möglichkeiten zur Entstehung von
schlecht konditionierten Matrizen auszuschließen, sollten
die zur Parameterschätzung dynamischer Prozesse verwendeten
Elemente von $\underline{\Psi}^T\underline{\Psi}$ so beschaffen sein, daß sich die Zahlenwerte in jeder Zeile oder Spalte deutlich voneinander unter-
scheiden. Das bedeutet

a) Die Abtastzeit darf nicht zu klein gewählt werden.

b) Der in den verwendeten Signalwerten

$$Y(k) = Y_{OO} + y(k)$$

steckende Gleichanteil $Y_{OO}$ sollte möglichst klein (am besten
Null sein) sein.

c) Das Eingangssignal sollte sich fortlaufend ändern, da die Bestim-
mungsgleichungen "um so mehr linear abhängig" werden, je mehr Daten aus einem Beharrungszustand verwendet werden.

# 5. Stochastische Approximation

Die Verfahren der stochastischen Approximation sind rekursive Schätzverfahren, die rechnerisch einfacher sind als die rekursive Methode
der kleinsten Quadrate. Es wird das Minimum einer Verlustfunktion mittels Gradientenalgorithmen gesucht, die analog zu deterministischen
Gleichungen auf stochastische Gleichungen angewandt werden.

Die Methoden der stochastischen Approximation gehen auf Arbeiten von
Robbins-Monro (1951), Kiefer-Wolfowitz (1952), Blum (1954) und Dvo-
retzki (1956) zurück.

Übersichtsbeiträge findet man bei Sakrison (1966), Albert, Gardner
(1967), Sage, Melsa (1971b).

In diesem Kapitel sollen jedoch nur einige Grundzüge der Parameterschätzung mittels stochastischer Approximation gegeben werden.

Zur Einführung werde zunächst nur die Schätzung eines einzigen Parameters $\Theta$ betrachtet. Dieser Parameter erfülle die Gleichung

$$g(\Theta) = g_O \tag{5-1}$$

wobei $g(\Theta)$ exakt meßbar und $g_O$ eine bekannte Konstante ist. Dann kann
der unbekannte Parameter $\Theta$, die Wurzel der Gl.(5-1), mit Hilfe des
Gradientenalgorithmus

$$\Theta(k+1) = \Theta(k) - \rho(k) [g(\Theta(k))-g_O] \tag{5-2}$$

iterativ berechnet werden. Hierbei sind die Gewichtsfaktoren $\rho(k)$ eine
Zahlenfolge, die bestimmten Bedingungen genügen müssen, damit der Algorithmus konvergiert. Wenn $g(\Theta(k)) - g_O = O$, dann ist $\Theta(k+1)$ die
exakte Lösung.

Nun werde angenommen, daß $g(\Theta)$ nicht exakt meßbar sei, sondern nur die
gestörte Größe

$$f(\Theta,n) = g(\Theta) + n, \tag{5-3}$$

wobei n eine regellose Größe mit $E\{n\} = 0$ ist. Dann ist auch $f(\Theta,n)$ eine regllose Größe, und Gl.(5-2) kann zur Berechnung von $\Theta$ nicht verwendet werden, da $g(\Theta)$ nicht bekannt ist. Da jedoch gilt

$$E\{f(\Theta,n)\} = g(\Theta), \qquad\qquad (5-4)$$

ist zu erwarten, daß nach Ersetzen von $g(\Theta)$ durch $f(\Theta)$ in Gl.(5-2) der stochastische Algorithmus

$$\hat{\Theta}(k+1) = \hat{\Theta}(k) - \rho(k)[f(\hat{\Theta}(k),n(k))-g_0] \qquad\qquad (5-5)$$

nach vielen iterativen Schritten ebenfalls gegen den richtigen Wert $\Theta_0$ von $\Theta$ konvergiert. Dieser Algorithmus wird *Robbins-Monro-Algorithmus* genannt.

Der neue Wert des Parameters ergibt sich also aus dem alten Wert durch Subtraktion des mit einem Korrekturfaktor $\rho(k)$ versehenen Fehlers

$$e(k) = f(\hat{\Theta}(k),n(k)) - g_0$$

der durch n gestörten Gl.(5-1).

<u>Satz 5.1</u> Der Robbins-Monro-Algorithmus konvergiert im Sinnes eines mittleren quadratischen Fehlers

$$\lim_{k\to\infty} E\{(\hat{\Theta}(k)-\Theta_0)^2\} = 0$$

unter folgenden Bedingungen:

1) Gl.(5-1) hat nur eine einzige Lösung.

2) Die Zufallsgrößen $f(k)$ müssen gleiche Verteilungsdichte haben
   und statistisch unabhängig sein.

3) $\lim_{k\to\infty} \rho(k) = 0;\quad \sum_{k=1}^{\infty} \rho(k) = \infty;\quad \sum_{k=1}^{\infty} \rho^2(k) < \infty.$ $\qquad (5-6)$

Der Beweis ist z.B. in Sakrison (1966) gegeben.

Einfache Gewichtsfaktoren, die die Gl.(5-6) erfüllen, sind z.B.

$$\rho(k) = \frac{\alpha}{\beta+k} \quad \text{oder} \quad \rho(k) = \frac{\alpha}{k} \,. \qquad\qquad (5-7)$$

Die Wahl von $\alpha$ und $\beta$ ist frei. Falls $\alpha$ genügend groß ist, kann man für große k eine gute Konvergenz erwarten.

Ein zweiter stochastischer Approximationsalgorithmus läßt sich angeben, wenn man einen Parameter $\Theta$ sucht, der die Funktion $g(\Theta)$ zu einem Extremum macht, also

$$\frac{d}{d\Theta}\, g(\Theta) = 0$$

erfüllt. Der determinierte Gradientenalgorithmus lautet dann

$$\Theta(k+1) = \Theta(k) - \rho(k)\, \frac{d}{d\Theta}\, g(\Theta). \tag{5-8}$$

Wenn $g(\Theta)$ nicht direkt meßbar ist, sondern Gl.(5-3) gilt, dann kommt man wie bei Gl.(5-5) zu folgendem stochastischen Algorithmus

$$\hat{\Theta}(k+1) = \hat{\Theta}(k) - \rho(k)\, \frac{d}{d\Theta}\, f\big(\hat{\Theta}(k),n(k)\big), \tag{5-9}$$

dem *Kiefer-Wolfowitz-Algorithmus*.

Wenn die Funktion $f\big(\hat{\Theta}(k),n(k)\big)$ nicht überall differenzierbar ist oder ihre Differentiation zu kompliziert ist, dann kann der Differentialquotient durch einen Differenzenquotienten ersetzt werden und man erhält

$$\hat{\Theta}(k+1) = \hat{\Theta}(k) - \frac{\rho(k)}{2\Delta\Theta(k)}\, \big[f\big(\hat{\Theta}(k)+\Delta\Theta(k),n(k)\big) - f\big(\hat{\Theta}(k)-\Delta\Theta(k),n(k)\big)\big]. \tag{5-10}$$

<u>Satz 5.2</u> Der Kiefer-Wolfowitz Algorithmus konvergiert im Sinne eines mittleren quadratischen Fehlers unter folgenden Bedingungen:

1) $g(\Theta)$ hat nur ein einziges Extremum.

2) Die Zufallsgrößen $f(k)$ müssen gleiche Verteilungsdichten haben und statistisch unabhängig sein.

3) $\quad \lim\limits_{k\to\infty} \Delta\Theta(k) = 0; \quad \sum\limits_{k=1}^{\infty} \rho(k) = \infty;$

$$\sum\limits_{k=1}^{\infty} \rho(k)\Delta\Theta(k) < \infty; \quad \sum\limits_{k=1}^{\infty} \big[\rho(k)/\Delta\Theta(k)\big]^2 < \infty. \tag{5-11}$$

Zur simultanen Schätzung mehrerer Parameter der skalaren Funktion $g(\Theta)$ braucht in Gl.(5-5) und (5-9) der skalare Parameter $\Theta$ nur durch den Parametervektor $\underline{\Theta}$ ersetzt werden.

Die Methode der stochastischen Approximation soll nun zur Schätzung der Parameter von Differenzengleichungen nach Gl.(4.2-1) bzw.(4.2-9) angewandt werden. Dann ist anstelle der Funktion $f(\hat{\Theta},n)$ die Verlustfunktion

$$V(k) = e^2(k) \tag{5-12}$$

einzuführen. Da deren Minimum im allgmeinen nicht bekannt ist, muß also der Kiefer-Wolfowitz-Algorithmus verwendet werden. Die folgenden
Bezeichnungen stimmen mit Abschnitt 4.2 überein.

Nach Gl.(4.2-13) gilt

$$e(k) = y(k) - \underline{\psi}^T(k)\underline{\Theta}(k) \tag{5-13}$$

und somit mit Gl.(5-12)

$$\frac{\partial V(k)}{\partial \underline{\Theta}} = -2\underline{\psi}(k)\,[y(k)-\underline{\psi}^T(k)\underline{\Theta}(k)].$$

Nach Gl.(5-9) wird dann

$$\hat{\underline{\Theta}}(k+1) = \hat{\underline{\Theta}}(k) + 2\rho(k)\underline{\psi}(k)\,[y(k)-\underline{\psi}^T(k)\hat{\underline{\Theta}}(k)]. \tag{5-14}$$

Hierin kann man im Korrekturterm noch die neuesten Meßwerte zum Zeitpunkt k+1 einführen, sodaß gilt

$$\hat{\underline{\Theta}}(k+1) = \hat{\underline{\Theta}}(k) + 2\rho(k+1)\underline{\psi}(k+1)\,[y(k+1) - \underline{\psi}^T(k+1)\hat{\underline{\Theta}}(k)] \tag{5-15}$$

$$
\begin{array}{lll}
\text{Neuer} & \text{Alter} & \\
\text{Schätz-} = \text{Schätz-} + \text{Korrektur} & \left[\begin{array}{ll}\text{Neue} & \text{Vorhergesagter} \\ \text{Beobach-} & -\text{ Meßwert aufgrund} \\ \text{tung} & \text{der Parameter des} \\ & \text{letzten Schritts}\end{array}\right].
\end{array}
$$

Dieser stochastischer Approximationsalgorithmus stimmt mit dem Algorithmus der rekursiven Methode der kleinsten Quadrate, Gl.(4.3-12),
bis auf den Korrekturfaktor überein. Für k→∞, Gl.(4.3-26), sind beide
rekursiven Algorithmen identisch, wenn man

$$2\rho(k+1) = \frac{1}{k+1} \cdot \frac{1}{\kappa} \tag{5-16}$$

wählt, also in Gl.(5-7) β = 0 und α = 2/κ.

Wegen dieser Übereinstimmung beider Algorithmen für große k darf man
annehmen, daß auch der stochastische Approximationsalgorithmus Gl.
(5-15) nur dann biasfreie Schätzwerte liefert, wenn die Bedingungen
von Satz 4.2.3 erfüllt sind, also insbesondere daß e(k) nicht korreliert ist. Nach Satz 5.2 muß $e^2(k)$ statistisch unabhängig sein.

Wegen dieser Bedingung liefert die angegebene Form der stochastischen
Approximation wie die Methode der kleinsten Quadrate für dynamische
Prozesse im allgemeinen biasbehaftete Parameterschätzwerte.

Saridis-Stein (1968a) haben gezeigt, wie man bei der in diesem Kapitel behandelten stochastischen Approximation die Bias korrigieren kann, wenn die statistischen Kennwerte der Signale exakt bekannt sind.

Man kann die stochastische Approximation auch zur Schätzung nichtparametrischer Modelle verwenden, Saridis-Stein (1968b), Isermann u.a. (1973b), siehe Kapitel 12.

Es sei noch angemerkt, daß sich die Konvergenz durch geeignete Modifikation des Gewichtsfaktors $\rho(k)$ verbessern läßt. Dieser Faktor ist bei Verwendung von Gl.(5-16) besonders zu Beginn relativ groß, so daß eventuell große Fehler $e(k)$ zu sehr verstärkt werden. Ein Verlauf von $\rho(k)$ nach Bild 5.1 führt zu einem gedämpfteren Einschwingen der Parameterwerte und zu einer besseren Konvergenz, wie in Isermann u.a. (1973b) gezeigt wurde.

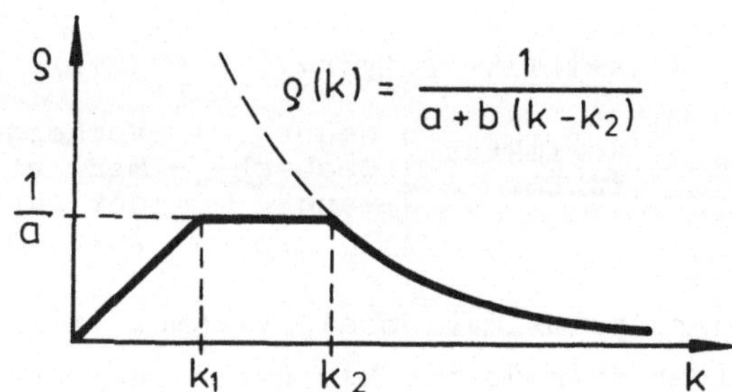


Bild 5.1 Zweckmäßiger Verlauf des Gewichtfaktors $\rho(k)$

Ein Beispiel zur Schätzung des Mittelwertes eines stochastischen Prozesses mittels stochastischer Approximation ist im Anhang zu finden.

# 6. Methode der verallgemeinerten kleinsten Quadrate

Zur biasfreien Parameterschätzung dynamischer Prozesse mußte bei der
Methode der kleinsten Quadrate und bei der stochastischen Approximation gefordert werden, daß das Fehlersignal $e(k)$ nicht korreliert ist.
Diese Bedingung wird aber nur für den Sonderfall erfüllt, daß das
Störsignal $n(k)$ durch Filterung von weißem Rauschen $v(k)$ über ein Filter mit der Übertragungsfunktion $1/A_p(z^{-1})$ erzeugt wird. Das Filter
darf also nur aus einem Nennerpolynom bestehen, das gleich dem Nennerpolynom des zu identifizierenden Prozesses ist. Da diese Struktur,
wenn überhaupt, nur sehr selten vorkommen wird, treten bei der einfachen Methode der kleinsten Quadrate und bei der stochastischen Approximation im allgemeinen korrelierte Fehlersignale auf und es entstehen Schätzungen mit Bias, die so groß sein können, daß das Modell
unbrauchbar wird, vgl. Abschnitt 14.2. Deshalb werden in den folgenden
Kapiteln Parameterschätzmethoden beschrieben, die für erweiterte Klassen dynamischer Prozesse biasfreie Ergebnisse liefern.

## 6.1 Nichtrekursive Methode der verallgemeinerten kleinsten Quadrate

Eine erste Möglichkeit zur biasfreien Parameterschätzung besteht darin,
das zunächst korrelierte Fehlersignal durch geeignete Filter in ein
unkorreliertes Fehlersignal umzuformen und dann die Methode der kleinsten Quadrate anzuwenden.

Clarke (1967) schlug dazu folgendes Verfahren vor, vgl. Bild 16.1.

1. Schritt:

Die Methode der kleinsten Quadrate wird auf das Modell

$$\underline{y}_k \, \underline{a}^T = \underline{u}_{k-d} \, \underline{b}^T + w(k) \tag{6.1-1}$$

vgl. Gl.(4.2-4) angewandt, wobei $w(k)$ ein korreliertes Fehlersignal
wird. Als Ergebnis erhält man biasbehaftete Parameterschätzwerte $\hat{\underline{\theta}}_1$.

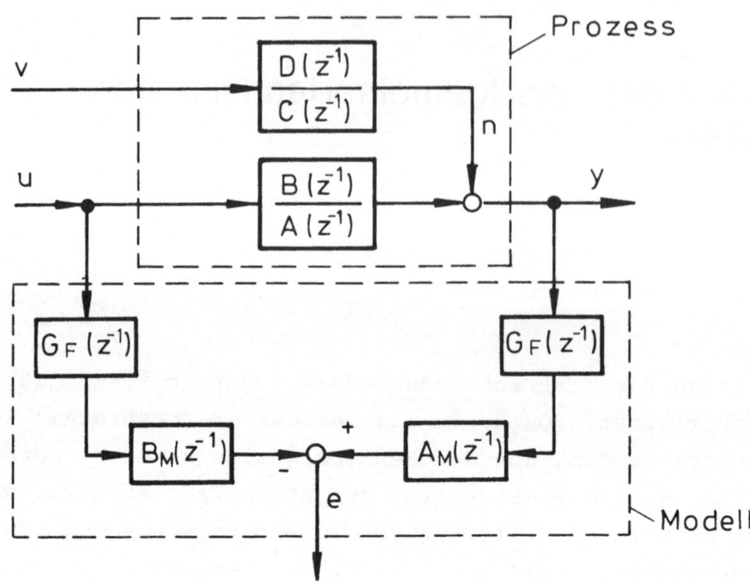



Bild 6.1 Anordnung des Modells bei der Methode der verallgemeinerten
         kleinsten Quadrate

## 2. Schritt:

Das Fehlersignal $w(k)$ wird für die geschätzten Parameter $\hat{\underline{\Theta}}_1$ nach Gl.
(6.1-1) berechnet. Es werde angenommen, daß $w(k)$ als autoregressiver
Prozeß dargestellt werden kann

$$w(k) = -f_1 w(k-1) - f_2 w(k-2) -\ldots- f_\nu w(k-\nu) + e(k)$$

bzw.

$$w(k) = \underline{\xi}_K \underline{f}^T + e(k) \tag{6.1-2}$$

$$\xi_K = [-w(k-1) \ -w(k-2) \ -\ldots- w(k-\nu)] \tag{6.1-3}$$

$$\underline{f} = [f_1 \ \ f_2 \ \ldots \ f_\nu] \tag{6.1-4}$$

oder

$$w(z) = G_F(z^{-1})e(z) = \frac{1}{F(z^{-1})} \, e(z) \tag{6.1-5}$$

$$F(z^{-1}) = 1 + f_1 z^{-1} +\ldots+ f_\nu z^{-\nu}. \tag{6.1-6}$$

$e(k)$ ist hierbei ein nichtkorreliertes Signal. Die Ordnung $\nu$ muß in
geeigneter Weise festgelegt werden. Man wähle zunächst $\nu = m$, wobei $m$
die Ordnung von $A(z^{-1})$ ist.

Dann werden die Parameter dieses autoregressiven Prozesses wie folgt geschätzt

$$\hat{\underline{f}} = [\underline{\Xi}^T\underline{\Xi}]^{-1}\,\underline{\Xi}^T\underline{w} = \underline{Q}\,\underline{\Xi}^T\underline{w} \tag{6.1-7}$$

wobei

$$\begin{bmatrix} w(m+d) \\ w(m+d-1) \\ \vdots \\ w(m+d+N) \end{bmatrix} = \begin{bmatrix} -w(m+d-1) & \cdots & -w(m+d-\nu) \\ -w(m+d) & \cdots & -w(m+d-\nu+1) \\ \vdots & & \vdots \\ -w(m+d+N-1) & \cdots & -w(m+d-\nu+N) \end{bmatrix} \begin{bmatrix} f_1 \\ f_2 \\ \vdots \\ f_\nu \end{bmatrix} + \begin{bmatrix} e(m+d) \\ e(m+d+1) \\ \vdots \\ e(m+d+N) \end{bmatrix}$$

$$w \qquad = \qquad \underline{\Xi} \qquad\qquad \cdot \qquad\qquad \underline{f} \;+\; \underline{e} \tag{6.1-8}$$

## 3. Schritt:

Die gemessenen Ein- und Ausgangssignale $u(k)$ und $y(k)$ werden durch das Filter $G_F(z^{-1}) = 1/F(z^{-1})$ gefiltert

$$\left.\begin{aligned} \tilde{u}(k-d) &= \underline{u}_{k-d}\,\hat{\underline{f}}^T + u(k-d) \\ \tilde{y}(k) &= \underline{y}_k\,\hat{\underline{f}}^T + y(k) \end{aligned}\right\} \quad (m+d) \le k \le (m+d+N) \tag{6.1-9}$$

## 4. Schritt:

Die Methode der kleinsten Quadrate wird auf das Modell mit den gefilterten Signalen

$$\tilde{\underline{y}}_k\underline{a}^T = \tilde{\underline{u}}_{k-d}\,\underline{b}^T + e(k) \tag{6.1-10}$$

angewandt. Man erhält dann die Parameter $\hat{\underline{\theta}}_2$.

## 5. Schritt:

Dann wiederhole man den 2. Schritt bis 4. Schritt solange bis sich $\hat{\underline{\theta}}$ nicht mehr ändert.

Mehrere Anwendungen auf simulierte und gemessene Daten bestätigen die Konvergenz dieses Verfahrens.

Um biasfreie Parameterschätzungen zu erreichen, muß das Fehlersignal $e(k)$ nichtkorreliert sein. Da auch das Eingangssignal $v(k)$ des Störfilters $D(z^{-1})/C(z^{-1})$ ein nichtkorreliertes Signal ist, gilt mit der Annahme $e(k) = v(k)$,

$$\frac{D(z^{-1})}{C(z^{-1})} = \frac{1}{A_M(z^{-1})G_F(z^{-1})} \;. \tag{6.1-11}$$

Das Störsignalfilter muß also diese Form haben, damit eine biasfreie
Parameterschätzung möglich wird. Mit der von Clarke (1967) vorgeschla-
genen Methode der verallgemeinerten kleinsten Quadrate erhält man biasfreie Parameter also nur dann, wenn das Störübertragungsverhalten des
Prozesses die spezielle Form

$$G_v(z^{-1}) = \frac{D(z^{-1})}{C(z^{-1})} = \frac{1}{(1+a_1 z^{-1}+\ldots+a_m z^{-m})(1+f_1 z^{-1}+\ldots+f_\nu z^{-\nu})}$$

$$(6.1\text{-}12)$$

hat. Wenn diese Gleichung nicht erfüllt ist, und das ist bei den meisten Prozessen der Fall, dann erhält man Parameterschätzwerte mit Bias,
siehe Abschnitt 14.2, da $e(k)$ nicht unkorreliert wird.

Eine einfachere Version als die beschriebene haben Steiglitz and
Mc Bride (1965) angegeben. Sie setzen bei der i-ten Iterationsstufe
$F_i(z^{-1}) = A_{M(i-1)}(z^{-1})$. Dann wird allerdings ein noch spezielleres
Störsignalfilter $G_v(z^{-1})$ vorausgesetzt.

Man könnte nun noch annehmen, daß $w(k)$ durch einen summierenden Prozeß
beschrieben wird. Dann ist

$$G_v(z^{-1}) = H(z^{-1}) = 1 + h_1 z^{-1} + \ldots + h_\nu z^{-\nu} \qquad (6.1\text{-}13)$$

und somit

$$\frac{D(z^{-1})}{C(z^{-1})} = \frac{H(z^{-1})}{A_M(z^{-1})} \; . \qquad\qquad (6.1\text{-}14)$$

Aber auch dies wäre noch ein spezielles Störsignalfilter.

Im Vergleich zur Methode der kleinsten Quadrate erfordert die Methode
der verallgemeinerten kleinsten Quadrate einen wesentlich größeren
Aufwand. Sie liefert jedoch auch ein Modell des Störsignalfilters.


## 6.2 Rekursive Methode der verallgemeinerten kleinsten Quadrate

In derselben Weise wie die einfache Methode der kleinsten Quadrate
läßt sich auch die Methode der verallgemeinerten kleinsten Quadrate
in rekursive Gleichungen umformen. Auf die Ableitung der Gleichungen
werde in diesem Abschnitt der Kürze halber verzichtet. Sie ist ausführlich in Hastings-James und Sage (1969) beschrieben. Die Gl.(6.1-1)
bis (6.1-10) entsprechenden rekursiven Parameterschätzgleichungen
lauten

$$\hat{\underline{\Theta}}(k+1) = \hat{\underline{\Theta}}(k) + [\tilde{\underline{\psi}}(k+1)\tilde{\underline{P}}(k)\tilde{\underline{\psi}}^T(k+1)+1]^{-1}$$
$$\cdot \tilde{\underline{P}}(k)\tilde{\underline{\psi}}^T(k+1)[\tilde{\underline{y}}(k+1)-\tilde{\underline{\psi}}(k+1)\hat{\underline{\Theta}}(k)] \qquad (6.2-1)$$

$$\tilde{\underline{P}}(k+1) = \tilde{\underline{P}}(k)\left[\underline{I} - \tilde{\underline{\psi}}^T(k+1)\tilde{\underline{\psi}}(k+1)\tilde{\underline{P}}(k)\right.$$
$$\left. \cdot [\tilde{\underline{\psi}}(k+1)\tilde{\underline{P}}(k)\tilde{\underline{\psi}}^T(k+1)+1]^{-1}\right] \qquad (6.2-2)$$

$$\hat{\underline{f}}(k+1) = \hat{\underline{f}}(k) + [\underline{\xi}(k+1)\underline{Q}(k)\underline{\xi}^T(k+1)+1]^{-1}$$
$$\cdot \underline{Q}(k)\underline{\xi}^T(k+1)[w(k+1)-\underline{\xi}(k+1)\hat{\underline{f}}(k)] \qquad (6.2-3)$$

$$\underline{Q}(k+1) = \underline{Q}(k)\left[\underline{I} - \underline{\xi}^T(k+1)\underline{\xi}(k+1)\underline{Q}(k)\right.$$
$$\left. \cdot [\underline{\xi}(k+1)\underline{Q}(k)\underline{\xi}^T(k+1)+1]^{-1}\right] . \qquad (6.2-4)$$

Die Startmatrizen $\underline{P}(O)$ und $\underline{Q}(O)$ werden, wie in Gl.(4.3-17) angegeben,
als Diagonalmatrizen mit großen Elementen gewählt. Sie dürfen nicht
zu groß sein, da sonst Divergenz der Schätzung auftreten kann. Als
Anfangswert $\hat{\underline{\Theta}}(O)$ der Parameter kann $\hat{\underline{\Theta}}(O) = \underline{O}$ gewählt werden.

Eine exponentielle Gewichtung der vergangenen Daten mit einem Gewichtsfaktor $\rho$ in den Termen

$$[\underline{\psi}(k+1) \,\tilde{\underline{P}}(k)\, \tilde{\underline{\psi}}^T(k+1) + \rho] \quad \text{der Gl.(6.2-1) und (6.2-2)}$$

$$\tilde{\underline{P}}(k+1) = \frac{1}{\rho}\,\tilde{\underline{P}}(k)\,[\underline{I} - \ldots] \quad \text{der Gl.(6.2-2)}$$

und in den entsprechenden Termen der Gl.(6.2-3) und (6.2-4) kann die
Schätzwerte verbessern, wenn sie für die ersten 100 oder 200 Meßwerte
mit $\rho$ = 0.99 verwendet wird, Isermann u.a. (1973b). Die Anfangswerte
gehen dann weniger stark ein, was zu einer besseren Konvergenz führt.

# 7. Methode der Hilfsvariablen (instrumental variables)

## 7.1 Nichtrekursive Methode der Hilfsvariablen

Wählt man den verallgemeinerten Fehler $\underline{e}$ als Gleichungsfehler zwischen dem Prozeß und seinem Modell, dann gilt nach Gl.(4.2-17)

$$\underline{e} = \underline{y} - \underline{\Psi}\,\underline{\Theta}\,.$$ (7.1-1)

$$\text{Fehler} = \begin{array}{c}\text{neue}\\\text{Beobach-}\\\text{tung}\end{array} - \begin{array}{c}\text{Vorhersage}\\\text{des}\\\text{Modells}\end{array}$$

Die einzelnen Größen sind in Abschnitt 4.2.1 erklärt. Gl.(7.1-1) wird nun mit der Transponierten der Hilfsvariablenmatrix $\underline{W}$ multipliziert

$$\underline{W}^T\underline{e} = \underline{W}^T\underline{y} - \underline{W}^T\underline{\Psi}\,\underline{\Theta}\,.$$ (7.1-2)

Wenn die Elemente der Hilfsvariablenmatrix so gewählt werden, daß sie stark mit den Nutzsignalwerten der Matrix $\underline{\Psi}$ und somit nicht mit dem Störsignal $\underline{n}$ korreliert sind, dann wird im Abgleichzustand von Prozeß und Modell

$$E\{\underline{W}^T\underline{e}\} = \underline{0}$$ (7.1-3)

da dann nach Gl.(4.2-30) $\underline{e}$ nur noch von $\underline{n}$ abhängt. Es darf deshalb in Gl.(7.1-2) angenommen werden, daß $\underline{W}^T\underline{e}$ vernachlässigbar klein wird. Wenn ferner noch

$$\underline{W}^T\underline{\Psi} \quad \text{nichtsingulär}$$ (7.1-4)

ist, dann folgt die Schätzgleichung

$$\hat{\underline{\Theta}} = [\underline{W}^T\underline{\Psi}]^{-1}\underline{W}^T\underline{y}\,.$$ (7.1-5)

Nach Satz 4.2.1 liefert diese Gleichung biasfreie Parameterschätzwerte, wenn zusätzlich

$$E\{\underline{e}\} = 0$$ (7.1-6)

ist. Diese Methode zur biasfreien Parameterschätzung geht auf Reiersøl

(1941), Durbin (1954), Kendall und Stuart (1961) zurück. Das Hauptproblem besteht darin, geeignete Hilfsvariablen zu finden, denn die Effizienz der Schätzung hängt davon ab, in welchem Maße die Hilfsvariablen $\underline{W}$ und $\underline{\Psi}$ korreliert sind.

Joseph, Lewis und Tou (1961) haben die Eingangssignale als Hilfsvariable gewählt

$$\underline{w}^T(k) = [u(k-1-\delta) \ \ldots \ u(k-m-\delta) \ | \ u(k-d-1) \ \ldots \ u(k-d-m)] \qquad (7.1-7)$$

denn diese sind mit $\underline{\Psi}$ korreliert und sehr einfach zu erhalten. Dabei kann $\delta$ so gewählt werden, daß die Elemente der Kovarianzmatrix $R_{\underline{w}\psi}(\tau)$ maximiert werden.

Die stärkste Korrelation zwischen $\underline{\Psi}$ und $\underline{W}$ würde man jedoch dann bekommen, wenn $\underline{W}$ die ungestörten Signale von $\underline{\Psi}$ enthalten würde, also die Nutzsignale. Man muß deshalb versuchen, Schätzwerte der ungestörten Ausgangssignale $h(k) = \hat{\underline{y}}_u(k)$ zu erhalten. Dann kann man als Hilfsvariable bilden

$$\underline{w}^T(k) = [-h(k-1) \ \ldots \ -h(k-m) \ | \ u(k-d-1) \ \ldots \ u(k-d-m)]. \qquad (7.1-8)$$

Dies haben Wong, Polak (1967) und Young (1970) vorgeschlagen. Die Schätzwerte der ungestörten Ausgangssignale kann man aus einem Hilfsmodell erhalten. Hierzu berechnet man aus dem bekannten Eingangssignal und den geschätzten Parametern nach Gl.(4.2-12)

$$h(k) = y_M(k) = \hat{\underline{y}}_u(k) = \underline{w}^T(k)\hat{\underline{\Theta}}(k). \qquad (7.1-9)$$

Die Hilfsvariablenmatrix (instrumental matrix) lautet dann:

$$\underline{W} = \begin{bmatrix} -h(m+d+1) & \ldots & -h(d) & | & u(m-1) & \ldots & u(0) \\ -h(m+d) & \ldots & -h(d+1) & | & u(m) & \ldots & u(1) \\ \vdots & & \vdots & | & \vdots & & \vdots \\ -h(m+d+N+1) & \ldots & -h(d+N) & | & u(m+N-1) & \ldots & u(N) \end{bmatrix} \qquad (7.1-10)$$

Bei einer nichtrekursiven Anwendung dieser Methode geht man wie folgt vor, Young (1971):

1. Man verwende in einem ersten Lauf Gl.(7.1-7) als Hilfsvariable und schätze die Parameter $\hat{\underline{\Theta}}_1$ nach Gl.(7.1-5), oder man verwende die einfache Methode der kleinsten Quadrate, Gl.(4.2-20).

2. Dann berechne man mit $\hat{\underline{\Theta}}_1$ verbesserte Hilfsvariablen nach Gl. (7.1-9), und schätze mit diesen Hilfsvariablen die Parameter

$\hat{\underline{\Theta}}_2$ mit Gl.(7.1-5).

3. Wiederhole 2. solange, bis sich die geschätzten Parameter nicht
   mehr ändern.

Im allgemeinen reichen wenige Iterationen aus. Die Erfahrung zeigt,
daß die verwendeten Hilfsvariablen nicht sehr genau mit den ungestörten Signalen übereinstimmen müssen.

Die Kovarianz der Parameterfehler ergibt sich analog zu Gl.(4.2-38)

$$\text{cov}[\Delta\underline{\Theta}] = E\{[\hat{\underline{\Theta}}-\underline{\Theta}_0][\hat{\underline{\Theta}}-\underline{\Theta}_0]^T\} = E\{[\underline{W}^T\underline{\Psi}]^{-1} \underline{W}^T\underline{e}\ \underline{e}^T\underline{W}[\underline{W}^T\underline{\Psi}]^{-1}\}. \qquad (7.1-11)$$

Hierin sind $\underline{W}$ und $\underline{e}$ statistisch unabhängig, aber nicht $\underline{\Psi}$ und $\underline{e}$, da
$\underline{e}$ korreliert ist. Deshalb kann diese Gleichung nicht unmittelbar ver-
einfacht werden.

Falls die Parameter des Hilfsmodelles gegen die Parameter des Prozesses konvergieren

$$E\{\hat{\underline{\Theta}}_{aux}\} = E\{\hat{\underline{\Theta}}\} = \underline{\Theta}_0$$

darf jedoch angenommen werden, daß für große N

$$\frac{1}{N+1} E\{\underline{W}^T\underline{\Psi}\} \approx \frac{1}{N+1} E\{\underline{W}^T\underline{W}\}.$$

Dann folgt aus Gl.(7.1-11)

$$\text{cov}[\Delta\underline{\Theta}] \approx E\{[\underline{W}^T\underline{W}]^{-1}\underline{W}^T\} E\{\underline{e}\underline{e}^T\} E\{\underline{W}[\underline{W}^T\underline{W}]^{-1}\}. \qquad (7.1-12)$$

Bisher wurden beim Ein- und Ausgangssignal nur Änderungen

$$u(k) = U(k) - U_{00}; \quad y(k) = Y(k) - Y_{00},$$

betrachtet. Hierbei ist $Y_{00}$ meist unbekannt. Wenn $E\{u(k)\} = 0$, dann
geht $Y_{00}$ jedoch nicht ein, wenn für den Ausgang des Hilfsmodells ebenfalls $E\{h(k)\} = 0$, da in Gl.(7.1-5) die $y(k)$ mit den $h(k)$ korreliert
werden.


## 7.2 Rekursive Methode der Hilfsvariablen

Analog zur rekursiven Methode der kleinsten Quadrate, Gl.(4.3-12) bis
(4.3-14) lauten die Gleichungen der rekursiven Methode der Hilfsvariablen, Wong-Polak (1967), Young (1969),

$$\hat{\underline{\theta}}(k+1) = \hat{\underline{\theta}}(k) + \underline{\gamma}(k)\,[y(k+1) - \underline{\psi}^T(k+1)\,\hat{\underline{\theta}}(k)] \qquad (7.2-1)$$

$$\underline{\gamma}(k) = \frac{1}{\underline{\psi}^T(k+1)\,\underline{P}(k)\,\underline{w}(k+1)+1}\,\underline{P}(k)\,\underline{w}(k+1) \qquad (7.2-2)$$

$$\underline{P}(k+1) = [\underline{I} - \underline{\gamma}(k)\,\underline{w}^T(k+1)]\,\underline{P}(k). \qquad (7.2-3)$$

Hierbei ist

$$\underline{P}(k) = [\underline{w}^T(k)\,\underline{\psi}(k)]^{-1} \qquad (7.2-4)$$

$\underline{w}^T(k)$ und $h(k)$ siehe Gl.(7.1-8) und (7.1-9).

Ein Blockschaltbild dieser Methode ist in Bild 7.1 zu sehen.

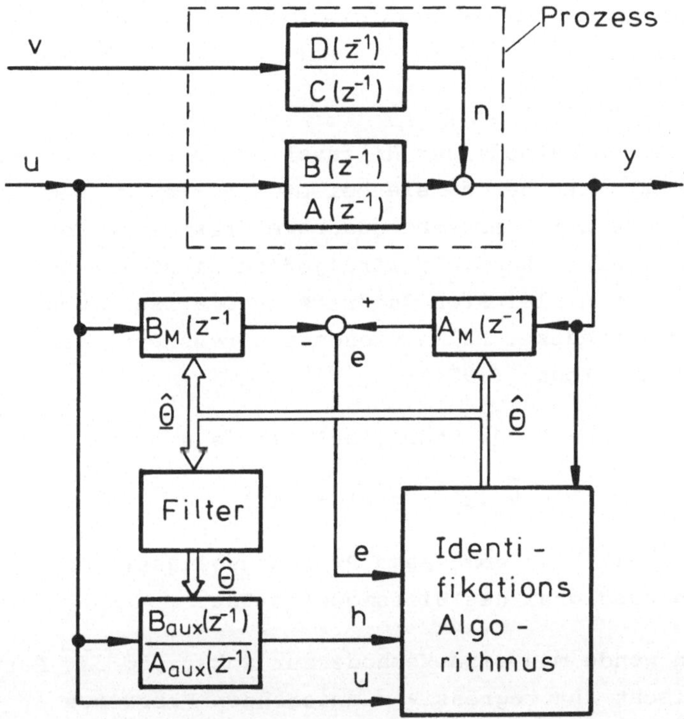


Bild 7.1 Blockschaltbild der rekursiven Methode der Hilfsvariablen

Damit die Hilfsvariablen h(k) in dieser rekursiven Version möglichst
wenig mit dem momentanen Fehlersignal e(k) korreliert sind, haben
Wong, Polak (1967) vorgeschlagen eine Totzeit q zwischen den geschätzten Parametern und den im Hilfsmodell eingestellten Parametern einzuführen, wobei q so gewählt wird, daß e(k+q) unabhängig ist von e(k).

Young (1971) verwendet zusätzlich ein diskretes Tiefpaßfilter

$$\hat{\underline{\Theta}}_{aux}(k) = (1-\beta)\hat{\underline{\Theta}}_{aux}(k-1) + \beta\hat{\underline{\Theta}}(k-q).$$ (7.2-5)

Dann muß die Wahl von q weniger genau sein und die Parameterschätz-
werte werden etwas geglättet, sodaß schnelle Parameteränderungen des
Hilfsmodells vermieden werden. Hierbei ist $0.01 \stackrel{<}{=} \beta \stackrel{<}{=} 0.1$ zu wählen,
Baur (1974).

Zum Start der rekursiven Schätzgleichungen wird wie bei der Methode
der kleinsten Quadrate die Matrix $\underline{P}(O)$ als Diagonalmatrix mit großen
Elementen gewählt und die Parameter $\hat{\underline{\Theta}}(O) = \underline{O}$ gesetzt. Man kann in der
Anfangsphase zusätzlich die Stabilität des Hilfsmodells überwachen.

Es hat sich besonders zweckmäßig erwiesen, am Anfang der rekursiven
Methoden der Hilfsvariablen, die Methode der kleinsten Quadrate zu
verwenden, Baur (1974).

Die beschriebene Methode der Hilfsvariablen ist eine sehr attraktive
Parameterschätzmethode, da sie bei etwa gleich großem Rechenaufwand
wie die Methode der kleinsten Quadrate (rekursive Version) biasfreie
Schätzwerte liefern kann. Es wird jedoch nicht wie bei der Methode der
verallgemeinerten kleinsten Quadrate automatisch auch ein Modell des
Störsignals geschätzt. Falls dieses interessiert, dann kann man wie
folgt vorgehen, Young (1971):

1. Man berechnet das Störsignal n(k) aus

$$n(k) = y(k) - \hat{y}_u(k) = y(k) - h(k)$$ (7.2-6)

   wobei y(k) das gemessene Prozeßausgangssignal und h(k) das
   Ausgangssignal des Hilfsmodells ist.

2. Dann wende man eine Methode zur Schätzung der Parameter des
   gemischt autoregressiv-summierenden Prozesses

$$n(k) = \frac{D(z^{-1})}{C(z^{-1})} v(z)$$ (7.2-7)

   an.

# 8. Maximum-Likelihood-Methode

Die Parameterschätzmethoden  Methode der kleinsten Quadrate, stochastische Approximation und Methode der Hilfsvariablen, führen auf dieselbe Klasse von Algorithmen, nämlich auf *Algorithmen zur direkten Schätzung* der Parameter, vergleiche Tabelle 1.1. Zur Ableitung dieser Methoden mußte angenommen werden, daß das Fehlersignal linear in den Parametern ist. Über die Form der Verteilungsdichte des Störsignals oder des Fehlersignals wurde jedoch keine besondere Annahme gemacht.

Die in diesem Kapitel beschriebene Maximum-Likelihood-Methode unterscheidet sich prinzipiell von diesen "direkten" Methoden. Sie führt auf Algorithmen zur *iterativen Schätzung* der Parameter. Das Fehlersignal braucht nicht mehr linear in allen Parametern sein. Die Verteilungsdichte des Fehlersignals muß jedoch eine bestimmte Form haben. Relativ einfache Algorithmen ergeben sich nur für normalverteilte Fehlersignale.

Über die Entwicklung der Maximum-Likelihood-Methode berichtet Deutsch (1965). Das Prinzip der Maximum-Likelihood-Schätzung geht demnach auf Gauss (1809) zurück. R.A. Fischer (1912) hat sie jedoch als allgemeines Schätzverfahren eingeführt. Seitdem gehört sie zu den grundlegenden statistischen Methoden.

Zur Parameterschätzung dynamischer Prozesse wurde die Maximum-Likelihood-Methode vermutlich zuerst von Åström, Bohlin (1966) auf z-Übertragungsfunktionen mit korreliertem Ausgangssignal angewendet. Kashyap (1970) verwendete sie für Zustandsmodelle mit korrelierten Eingangsstörungen aber nichtkorrelierten Ausgangsstörungen und Mehra (1971) für Zustandsmodelle mit nichtkorreliertem Eingangssignal und nichtkorrelierten Ausgangsstörungen bzw. Mehra (1973) für korrelierte Ausgangsstörungen.

Die Ableitung der Maximum-Likelihood-Methode soll im folgenden in Anlehnung an Åström, Bohlin (1966) erfolgen.

Hierzu wird ein Modell des dynamischen Prozesses in der Form

$$A_M(z^{-1})y(z) - B_M(z^{-1})u(z) = D_M(z^{-1})e(z) \qquad (8-1)$$

$$\left.\begin{aligned}
A_M(z^{-1}) &= 1 + a_1 z^{-1} + \ldots + a_m z^{-m}\\
B_M(z^{-1}) &= b_1 z^{-1} + b_2 z^{-2} + \ldots + b_m z^{-m}\\
D_M(z^{-1}) &= (1 + d_1 z^{-1} + \ldots + d_m z^{-m})
\end{aligned}\right\} \qquad (8-2)$$

angenommen, wobei e ein statistisch unabhängiges normalverteiltes Signal $(0,\sigma_e)$ ist und alle Wurzeln von $A_M(z^{-1})$ im Innern des Einheitskreises liegen.

Zum Vergleich sei an das Modell der Methode der kleinsten Quadrate erinnert, Gl.(4.2-8),

$$A_M(z^{-1})y(z) - B_M(z^{-1})u(z) = \varepsilon(z). \qquad (8-3)$$

Der Gleichungsfehler $\varepsilon$ mußte nach Satz 4.2.1 nichtkorreliert sein, damit eine biasfreie Parameterschätzung ermöglicht wird. Aus dem Vergleich von Gl.(8-1) und (8-2) folgt

$$\varepsilon(z) = D_M(z^{-1})e(z). \qquad (8-4)$$

Für das Modell Gl.(8-1) ist $\varepsilon(z)$ zu einem summierenden Prozeß (moving average process) erweitert worden.

Der Gleichungsfehler $\varepsilon$ ist für diesen Fall somit ein korreliertes Signal, das durch das Filter $1/D_M(z^{-1})$ in ein nichtkorreliertes Fehlersignal umgeformt wird, Bild 8.1.

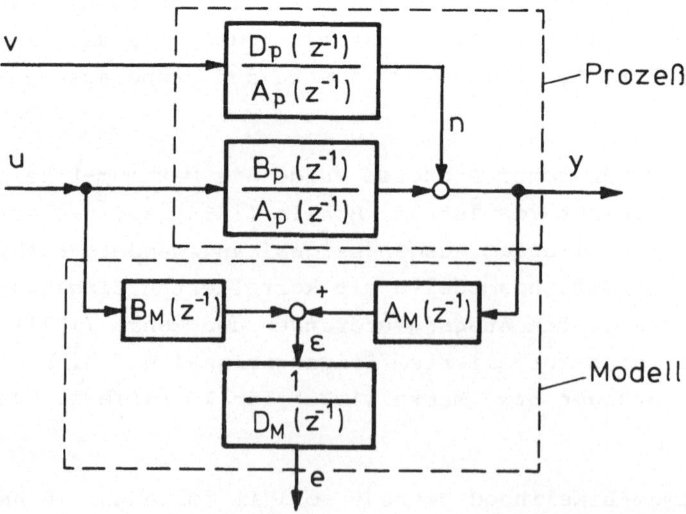


Bild 8.1 Struktur von Prozeß und Modell für die Maximum-Likelihood-Methode

Mit diesen Annahmen muß der Prozeß also die Struktur

$$y(z) = \frac{B_P(z^{-1})}{A_P(z^{-1})}\, u(z) + \frac{D_P(z^{-1})}{A_P(z^{-1})}\, v(z) \qquad (8\text{-}5)$$

haben, wenn v ein nichtkorreliertes Störsignal ist, und v = e gesetzt
wird. Diese Struktur ergibt sich auch bei der Zustandsraumdarstellung,
siehe Abschnitt 14.1.

Zur Ableitung der Maximum-Likelihood-Methode muß das beobachtete Ausgangssignal y(k) eine bestimmte Verteilungsdichte aufweisen. Da sich
nur bei Annahme eines normalverteilten Ausgangssignales überschaubare
Gleichungen ergeben, sei Normalverteilung der y(k) angenommen.

Die bedingte Verteilungsdichte der beobachteten Signalwerte $\{y(k)\}$
für gegebene Eingangssignalwerte $\{u(k)\}$ und für gegebene Parameter
$\underline{\theta} = [a_1, \ldots, a_m; b_1, \ldots, b_m; d_1, \ldots, d_m, \sigma_e]$ werde mit

$$p[\{y(k)\}|\{u(k)\},\underline{\theta}] = p[\underline{y}|\underline{u},\underline{\theta}]$$

bezeichnet und sei bekannt, Bild 8.2.

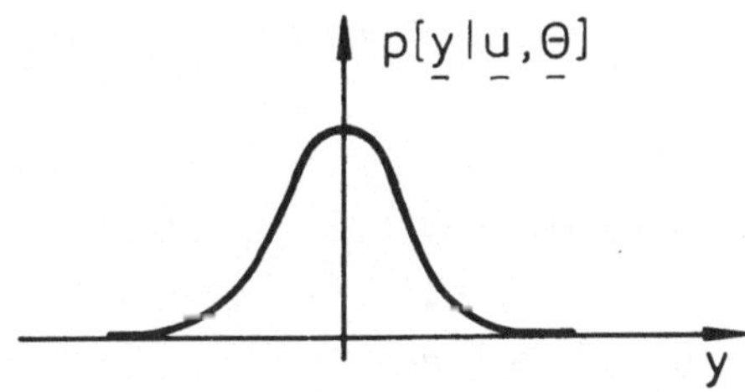


Bild 8.2 Bedingte Verteilungsdichte des beobachteten Signals y(k)

In diese Gleichung für die Verteilungsdichte werden die gemessenen
Werte $y_P(k)$ und $u_P(k)$ eingesetzt. Dann erhält man die *Likelihood-
Funktion*

$$p[\underline{y}_P|\underline{u}_P,\underline{\theta}],$$

die man in Abhängigkeit von den unbekannten Parametern $\theta_i$ betrachtet,
Bild 8.3.

Da die Parameter $\theta_i$ Konstanten sind und keine stochastischen Variablen,
ist die Likelihood-Funktion keine Verteilungsdichte der Parameter. Der
Methode des Maximum-Likelihood liegt nun der Gedanke zugrunde, daß die
besten Werte der unbekannten Parameter $\theta_i$ diejenigen sind, die dem

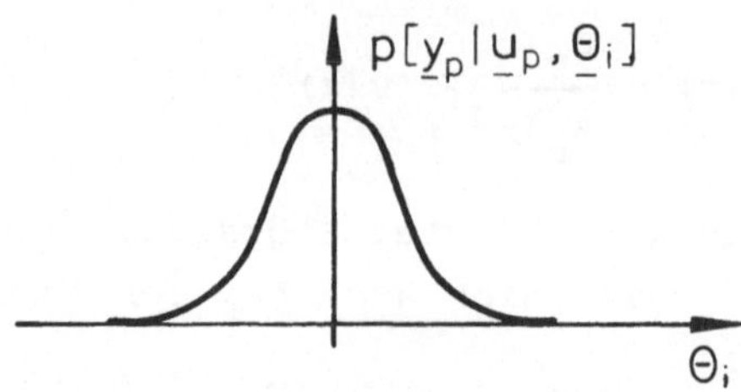


Bild 8.3 Likelihood-Funktion für einen einzigen Parameter $\Theta_i$

beobachteten Ergebnis die größte Wahrscheinlichkeit verleihen. Das
sind offensichtlich diejenigen Parameterwerte, die die Likelihood-
Funktion maximieren. In bezug auf mehrere Parameter gilt dann als Aus-
gangsgleichung

$$\frac{\partial}{\partial \underline{\Theta}} \, p[\underline{y}_p | \underline{u}_p, \underline{\Theta}] = \underline{0}. \tag{8-6}$$

Da die $\underline{y}_p = \{y_p(k)\}$ nicht statistisch unabhängig voneinander sind,
läßt sich die bisher betrachtete Verteilungsdichte nicht unmittelbar
angeben. Zur Bildung der Likelihood-Funktion wird deshalb die Verteilungsdichte

$$p[\underline{e} | \underline{u}_p, \underline{\Theta}]$$

des Fehlersignals e(k) verwendet, das ebenfalls wie y(k) normalverteilt ist, falls $A(z^{-1})/D(z^{-1})$ ein *lineares Filter* ist. Es wird als
statistisch unabhängiges Signal angenommen. Deshalb gilt für seine bedingte Verteilungsdichte bei N gemessenen Signalen

$$p[\underline{e} | \underline{u}, \underline{\Theta}] = p[e(1) | \underline{u}, \underline{\Theta}] \cdot p[e(2) | \underline{u}, \underline{\Theta}] \cdot \ldots \cdot p[e(N) | \underline{u}, \Theta]$$
$$= \prod_{k=1}^{N} p[e(k) | \underline{u}, \underline{\Theta}]. \tag{8-7}$$

Diese Funktion muß entsprechend Gl.(8-6) abgeleitet werden. Da die Ableitung eines aus vielen Faktoren bestehenden Produktes jedoch unange-
nehm zu handhaben ist, bildet man den Logarithmus der Likelihood-Funktion

$$L = \ln p[\underline{e} | \underline{u}, \underline{\Theta}] = \sum_{k=1}^{N} \ln p[e(k) | \underline{u}, \underline{\Theta}]. \tag{8-8}$$

Dadurch wird die Lage der Maxima der Likelihood-Funktion bezüglich
der Parameter $\underline{\Theta}$ nicht verändert. Die Parameterschätzung erfolgt schließlich durch Lösen der *Maximum-Likelihood-Gleichung*

$$\frac{\partial}{\partial \underline{\Theta}} \, L = \frac{\partial}{\partial \underline{\Theta}} \sum_{k=1}^{N} \ln \, p[e(k)|\underline{u},\underline{\Theta}] = \underline{0}. \tag{8-9}$$

Diese Gleichung gilt noch für beliebige differenzierbare Verteilungsdichten. Das Einführen einer Normalverteilung erleichert jedoch die
folgende Rechnung wesentlich.

Mit $E\{e(k)\} = 0$ gilt dann für einen einzigen Signalwert zum Zeitpunkt
k

$$p[e(k)|\underline{u},\underline{\Theta}] = \frac{1}{\sigma_e \sqrt{2\pi}} \, \exp[-\frac{1}{2} \, e^2(k)/\sigma_e^2], \tag{8-10}$$

und für N Signalwerte nach Gl.(8-7)

$$p[\underline{e}|\underline{u},\underline{\Theta}] = \prod_{k=1}^{N} \frac{1}{\sigma_e \sqrt{2\pi}} \, \exp[-\frac{1}{2} \, e^2(k)/\sigma_e^2] \tag{8-11}$$

wenn die Streuung $\sigma_e$ aller Fehlersignale e(k) gleich ist.

Der Logarithmus der Likelihood-Funktion wird dann nach Gl.(8-9)

$$L(\underline{\Theta}) = \ln \left[ \left[\frac{1}{\sigma_e \sqrt{2\pi}}\right]^N \cdot \prod_{k=1}^{N} \exp[-\frac{1}{2} \, e^2(k)/\sigma_e^2] \right]$$

$$= -\frac{1}{2\sigma_e^2} \sum_{k=1}^{N} e^2(k) - N \ln \sigma_e - \frac{N}{2} \ln 2\pi. \tag{8-12}$$

Diese Gleichung muß nun bezüglich der unbekannten Parameter $a_i$, $b_i$,
$d_i$ und $\sigma_e$ maximiert werden. Bezeichnet man die in Gl.(8-12) auftre-
rende Verlustfunktion mit

$$V(\underline{\Theta}) = \frac{1}{2} \sum_{k=1}^{N} e^2(k) \tag{8-13}$$

dann folgt

$$\frac{\partial}{\partial a_i} V(\underline{\Theta}) = 0; \quad \frac{\partial}{\partial b_i} V(\underline{\Theta}) = 0; \quad \frac{\partial}{\partial d_i} V(\underline{\Theta}) = 0 \tag{8-14}$$

$$\frac{\partial L}{\partial \sigma_e} = \sigma_e^{-3} V(\underline{\Theta}) - N \sigma_e^{-1} = 0. \tag{8-15}$$

Aus der letzten Gleichung folgt direkt als Schätzwert für die Varianz des Fehlersignals

$$\hat{\sigma}_e^2 = \frac{2V(\underline{\Theta})}{N}. \tag{8-16}$$

Die Maximum-Likelihood-Methode führt bei normalverteiltem Fehlersignal e(k) also auf dieselbe Verlustfunktion wie die Methode der

kleinsten Quadrate. Im Unterschied zur letztgenannten Methode werden
bei der Maximum-Likelihood-Methode auch die Parameter $d_i$ des Störsignalfilters geschätzt, und zwar so, daß das Fehlersignal statistisch
unabhängig wird.

Das Minimieren der Verlustfunktion nach Gl.(8-14) ist nur auf itera-
tivem Wege möglich, da das Fehlersignal zwar linear in den Parametern
$a_i$ und $b_i$, aber stark nichtlinear in den Parametern $d_i$ ist. Hierzu
können verschiedene Gradientenalgorithmen verwendet werden.

Die Ableitung dieser Gradientenalgorithmen kann aus der in einer Taylor-Reihe entwickelten Verlustfunktion erfolgen

$$V(\underline{\Theta}+\Delta\underline{\Theta}) = V(\underline{\Theta}) + \underline{V}_{\Theta}^{T}(\underline{\Theta})\Delta\underline{\Theta} + \frac{1}{2}\Delta\underline{\Theta}^{T}\underline{V}_{\Theta}(\underline{\Theta})\Delta\underline{\Theta} + \ldots \tag{8-17}$$

Hierbei bedeuten

$$\underline{V}_{\Theta}^{T}(\underline{\Theta}) = \left[\frac{\partial V}{\partial\Theta_1} , \frac{\partial V}{\partial\Theta_2} , \ldots , \frac{\partial V}{\partial\Theta_p}\right] \tag{8-18}$$

$$\underline{V}_{\Theta\Theta}(\underline{\Theta}) = \begin{bmatrix} \frac{\partial^2 V}{\partial\Theta_1\partial\Theta_1} & \cdots & \frac{\partial^2 V}{\partial\Theta_1\partial\Theta_p} \\ \vdots & & \vdots \\ \frac{\partial^2 V}{\partial\Theta_p\partial\Theta_1} & \cdots & \frac{\partial^2 V}{\partial\Theta_p\partial\Theta_p} \end{bmatrix} \tag{8-19}$$

Ein Gradientenalgorithmus erster Ordnung ensteht nach Abbruch der
Taylor-Reihe nach dem Glied mit der ersten Ableitung. Dann wird

$$V(\underline{\Theta}+\Delta\underline{\Theta}) \approx V(\underline{\Theta}) + \underline{V}_{\Theta}^{T}(\underline{\Theta})\Delta\underline{\Theta} = V(\underline{\Theta}) + \Delta V(\underline{\Theta}).$$

Die Veränderung $\Delta V(\underline{\Theta})$ hängt von der Wahl von $\Delta\underline{\Theta}$ ab. Wenn $\Delta V(\underline{\Theta})$ ein
Maximalwert wird, erreicht man den steilsten Abstieg. Hierzu ist of-
fenbar $\Delta\underline{\Theta}$ proportional zu $\underline{V}_{\Theta}(\underline{\Theta})$ zu wählen. Für den $\nu$-ten Schritt gilt
somit

$$\Delta\underline{\Theta}(\nu) = - K(\nu)\, \underline{V}_{\Theta}(\underline{\Theta}(\nu)).$$

$K(\nu)$ ist hierbei eine positive, skalare Größe, die eine Funktion des
Iterationsschrittes $\nu$ sein kann. Der Wert $K(\nu)$ sollte einerseits so
klein sein, daß der linearisierte Bereich der nichtlinearen Funktion
$V(\underline{\Theta})$ nicht überschritten wird und andererseits so groß, daß die Anzahl
der Iterationen nicht zu sehr ansteigt. Als Gradientenalgorithmus erster Ordnung ergibt sich somit

$$\underline{\Theta}(\nu+1) = \underline{\Theta}(\nu) - K(\nu)\, \underline{V}_{\Theta}(\underline{\Theta}(\nu)). \tag{8-20}$$

Die Parametersuche erfolgt hierbei nach dem *steilsten Abstieg*.

Eine Verbesserung der Konvergenz läßt sich erreichen, wenn man die
Taylor-Reihe erst nach dem Glied mit der zweiten Ableitung abbricht.
Für das Extremum der Verlustfunktion gilt dann

$$\frac{\partial V(\Theta+\Delta\Theta)}{\partial\underline{\Theta}} = \underline{V}_{\Theta}(\underline{\Theta}) + \underline{V}_{\Theta\Theta}(\underline{\Theta})\Delta\underline{\Theta} = \underline{O}$$

und daraus folgt für die Wahl von $\Delta\underline{\Theta}$

$$\Delta\underline{\Theta} = -\underline{V}_{\Theta\Theta}^{-1}(\Theta)\,\underline{V}_{\Theta}(\underline{\Theta})$$

sodaß der Gradientenalgorithmus zweiter Ordnung lautet

$$\underline{\Theta}(\nu+1) = \underline{\Theta}(\nu) - \underline{V}_{\Theta\Theta}^{-1}(\underline{\Theta}(\nu))\,\underline{V}_{\Theta}(\underline{\Theta}(\nu)). \tag{8-21}$$

Dies ist der *Newton-Raphson-Algorithmus*. Anstelle der Konstanten K
des Gradientenalgorithmus erster Ordnung stehen beim Gradientenalgorithmus zweiter Ordnung die zweiten Ableitungen der Verlustfunktion.

Der Gradientenalgorithmus erster Ordnung ist rechnerisch zwar einfacher, konvergiert jedoch in der Nähe des Optimums sehr langsam. Da
der Gradientenalgorithmus zweiter Ordnung die Krümmung der Verlustfunktion berücksichtigt, konvergiert er in der Nähe des Optimums
schnell. Jedoch muß der Anfangswert $\underline{\Theta}(O)$ näher beim Optimum liegen,
sonst ergibt sich Divergenz, wenn die zweiten Ableitungen falsches
Vorzeichen bekommen.

Die Methode nach Fletcher, Powell (1963) kombiniert die Vorteile beider betrachteten Gradientenmethoden. Diese und andere Methoden sind
z.B. in Hoffmann, Hofmann (1971) und Wilde (1964) ausführlich beschrieben.
Åström, Bohlin (1966) haben für die Maximum-Likelihood-Methode den
Newton-Raphson-Algorithmus verwendet. Die zugehörigen Gleichungen lassen sich wie folgt ableiten.

Die Elemente der ersten und zweiten partiellen Ableitungen der Verlustfunktion sind

$$\left.\begin{aligned}
\frac{\partial V}{\partial\Theta_i} &= \sum_{k=1}^{N} e(k)\,\frac{\partial e(k)}{\partial\Theta_i}\\[2mm]
\frac{\partial^2 V}{\partial\Theta_i\partial\Theta_j} &= \sum_{k=1}^{N} \frac{\partial e(k)}{\partial\Theta_i}\,\frac{\partial e(k)}{\partial\Theta_j} + \sum_{k=1}^{N} e(k)\,\frac{\partial^2 e(k)}{\partial\Theta_i\partial\Theta_j}.
\end{aligned}\right\} \tag{8-22}$$

Zur Berechnung dieser Terme braucht man also $e(k)$ und seine ersten
und zweiten Ableitungen nach den Parametern. Ihre Berechnung erfolgt
besonders einfach, wenn man den Zeitverschiebungsoperator $q$ verwendet,
der wie folgt definiert ist

$$y(k) \ q^{-\ell} = y(k-\ell),$$

und wenn man von der Gleichung

$$D(q^{-1})e(k) = A(q^{-1})y(k) - B(q^{-1})u(k) \tag{8-23}$$

ausgeht und folgende Ausdrücke ableitet

$$\left.\begin{aligned}
D(q^{-1}) \ \frac{\partial e(k)}{\partial a_i} &= y(k) \ q^{-i} \\[2mm]
D(q^{-1}) \ \frac{\partial e(k)}{\partial b_i} &= u(k) \ q^{-i} \\[2mm]
D(q^{-1}) \ \frac{\partial e(k)}{\partial d_i} &= -e(k) \ q^{-i}
\end{aligned}\right\} \tag{8-24}$$

$$\left.\begin{aligned}
D(q^{-1}) \ \frac{\partial^2 e(k)}{\partial a_i \partial d_j} &= \frac{\partial}{\partial a_i}\left[D(q^{-1}) \ \frac{\partial e(k)}{\partial d_j}\right] = - q^{-j} \ \frac{\partial e(k)}{\partial a_i} = - q^{-i-j+1} \ \frac{\partial e(k)}{\partial a_1} \\[2mm]
D(q^{-1}) \ \frac{\partial^2 e(k)}{\partial b_i \partial d_j} &= - q^{-j} \ \frac{\partial e(k)}{\partial b_i} = - q^{-i-j+1} \ \frac{\partial e(k)}{\partial b_1} \\[2mm]
D(q^{-1}) \ \frac{\partial^2 e(k)}{\partial d_i \partial d_j} &= - 2q^{-j} \ \frac{\partial e(k)}{\partial d_i} = - 2q^{-i-j+1} \ \frac{\partial e(k)}{\partial d_1}
\end{aligned}\right\} \tag{8-25}$$

Bei den letzten drei Gleichungen wurde berücksichtigt, daß z.B. aus
Gl.(8-24)

$$\frac{\partial e(k)}{\partial a_i} = q^{-i+1} \ \frac{\partial e(k)}{\partial a_1} = \frac{\partial e(k-i+1)}{\partial a_1} \tag{8-26}$$

folgt. Die Ableitungen nach den einzelnen $a_i$-Parametern lassen sich
somit auf eine Ableitung bezüglich $a_1$ zurückführen, wenn man für e
zeitverschobene Werte verwendet. Ensprechende Beziehungen gelten für
die $b_i$-Parameter. Man beachte, daß

$$\frac{\partial^2 e(k)}{\partial a_i \partial a_j} = \frac{\partial^2 e(k)}{\partial a_i \partial b_j} = \frac{\partial^2 e(k)}{\partial b_i \partial b_j} = 0. \tag{8-27}$$

Mit diesen Gleichungen erhält man nach Einsetzen in Gl.(8-22) z.B.

$$\left.\begin{aligned}
D^2(q^{-1}) \ \frac{\partial V}{\partial a_1} &= \sum_{k=1}^{N} D(q^{-1})e(k)y(k-1) \\[2mm]
D^2(q^{-1}) \ \frac{\partial^2 V}{\partial a_1 \partial d_1} &= - \sum_{k=1}^{N} y(k-1) \cdot D(q^{-1})e(k-1) - \sum_{k=1}^{N} e(k)y(k-2)
\end{aligned}\right\} \tag{8-28}$$

Hierbei De bzw. e aus Gl.(8-23). Da $D^2(q^{-1})$ sowohl in $\underline{V}_\Theta$ als auch in $\underline{V}_{\Theta\Theta}$ vorkommt kürzt sich dieser Term in Gl.(8-21) heraus.

Die Vereinfachung Gl.(8-26) läßt sich auch für den ersten Term der Gl.(8-22) verwenden.

$$\sum_{k=1}^{N} \frac{\partial e(k)}{\partial a_i} \frac{\partial e(k)}{\partial b_j} = \sum_{k=1}^{N} \frac{\partial e(k-i+1)}{\partial a_1} \cdot \frac{\partial e(k-j+1)}{\partial b_1}. \tag{8-29}$$

Zur Parameterschätzung ergibt sich schließlich folgender iterativer Lösungsweg:

1. Man wähle eine geeigneten Startwert $\underline{\Theta}(O)$ und setze $\nu=O$.

2. Dann berechne man $\underline{V}_\Theta(\underline{\Theta})$ und $\underline{V}_{\Theta\Theta}(\underline{\Theta})$ für $k = 1 \ldots N$ unter Verwendung von Gl.(8-22) bis (8-29).

3. Aus Gl.(8-21) ergeben sich dann neue Parameter $\underline{\Theta}(\nu+1)$.

4. Setze $\nu \to \nu+1$ und wiederhole von 2. an.

Voraussetzung zur Konvergenz des Maximum-Likelihood-Verfahrens sind geeignete Startwerte der Parameter. Zur Ermittlung dieser Startwerte kann man zunächst $d_i = O$ setzen. Dann ist e(k) linear abhängig von den Parametern $a_i$ und $b_i$. Die zweiten partiellen Ableitungen von e(k) werden alle zu Null und man erhält mit dem angegebenen Algorithmus in einem Schritt dieselben Parameterschätzwerte wie mit der Methode der kleinsten Quadrate. Diese (biasbehafteten) Schätzwerte werden dann als Startwerte verwendet.

Wenn die Beharrungswerte $Y_{OO}$ und $U_{OO}$ unbekannt sind, dann muß man sie wie bei der Methode der kleinsten Quadrate als unbekannte Parameter in die Schätzung mit einbeziehen, vgl. Gl.(4.2-41).

Die Maximum-Likelihood-Methode liefert für normalverteiltes Fehlersignal eine konsistente, asymptotisch effiziente Schätzung, da sie die untere Schranke der Cramér-Rao-Ungleichung erfüllt, Åström, Bohlin (1966), van der Waerden (1957), Deutsch (1965).

Die beschriebene Maximum-Likelihood-Methode konvergiert jedoch auch für andere Verteilungen als die bei der Ableitung zugrunde gelegte, Åström, Bohlin (1966), jedoch dürfte sie dann die optimalen Eigenschaften verlieren.

# 9. Bayes-Methode

Bei allen bisher betrachteten Parameterschätzverfahren wurde angenommen, daß die Prozeßparameter konstant sind. Für Modelle, bei denen das Fehlersignal linear in den Parametern war, galt

$$\underline{y} = \underline{\Psi}\,\underline{\Theta} + \underline{e}. \tag{9-1}$$

Es werde nun angenommen, daß auch der Parametervektor $\underline{\Theta}$ eine stochastische Variable ist und die Verteilungsdichte $p[\underline{\Theta}]$ besitzt. Bei der Ableitung der Bayes-Schätzung wird davon ausgegangen, daß die genannte Information über den Prozeß in der bedingten Verteilungsdichte $p[\underline{\Theta}|\underline{y}]$, also in der Verteilungsdichte der Parameter $\underline{\Theta}$ für gegebene Meßwerte $\underline{y}$, enthalten ist. $p[\underline{\Theta}|\underline{y}]$ wird nach den Messungen, also *a posteriori*, ermittelt.

Diese bedingte a posteriori Verteilungsdichte wird in eine Verlustfunktion bzw. ein Kriterium zur Schätzung der Parameter $\underline{\Theta}$ eingeführt. In Abhängigkeit von der Wahl der Verlustfunktion oder des Kriteriums entstehen dann Bayes-Schätzungen, die in verschiedener Hinsicht beste oder optimale Schätzungen sind, Lee (1964), Nahi (1969). Eine besonders vernünftige Annahme dürfte dabei sein, diejenigen $\underline{\Theta}$ als beste Schätzwerte zu betrachten, die das Maximum

$$\max_{\underline{\Theta}}\ p[\underline{\Theta}|\underline{y}] \tag{9-2}$$

ergeben, da sie die wahrscheinlichsten Werte sind.

Die bedingte Verteilungsdichte $p[\underline{\Theta}|\underline{y}]$ kann dabei wie folgt berechnet werden. Nach der Bayes'schen Regel folgt

$$p[\underline{\Theta}|\underline{y}] = \frac{p[\underline{\Theta},\underline{y}]}{p[\underline{y}]} = \frac{p[\underline{y}|\underline{\Theta}]\,p[\underline{\Theta}]}{p[\underline{y}]}. \tag{9-3}$$

Hierbei ist $p[\underline{\Theta}]$ die Verteilungsdichte der Parameter, die a priori bekannt sein muß und $p[\underline{y}]$ ist die Verteilungsdichte der Meßwerte, die a posteriori aus den Messungen folgt. Man kann deshalb $p[\underline{\Theta}|\underline{y}]$ ermitteln, wenn entweder $p[\underline{\Theta},\underline{y}]$ oder $p[\underline{y}|\underline{\Theta}]$ bekannt ist, bzw. berechnet werden kann. Da $p[\underline{Y}]$ lediglich eine Zahl ist, die sich aus den Messungen ergibt, muß im ersten Fall das Maximum der Verbundverteilungsdichte

$$\max_{\underline{\Theta}} \; p[\underline{\Theta},\underline{Y}] \tag{9-4}$$

gefunden werden. Das Ergebnis ist dann ein nichtbedingter Maximum-Likelihood-Schätzwert. Im zweiten Fall ist das Maximum

$$\max_{\underline{\Theta}} \; p[\underline{Y}|\underline{\Theta}] \; p[\underline{\Theta}] \tag{9-5}$$

zu suchen, wobei $p[\underline{\Theta}]$ a priori bekannt sein muß. Wenn $p[\underline{\Theta}]$ dabei gleichförmig ist, fällt das Maximum mit dem von $p[\underline{Y}|\underline{\Theta}]$, der (gewöhnlichen) Maximum-Likelihood-Funktion, zusammen. Da $p[\underline{\Theta}]$ jedoch nur sehr selten a priori bekannt sein dürfte, hat die Bayes-Schätzung hauptsächlich theoretische Bedeutung.

# 10. Zusammenhänge der Parameterschätzmethoden

Zum Abschluß der Beschreibung von Parameterschätzverfahren, die parametrische Modelle als Ausgangspunkt haben, sei auf den inneren Zusammenhang der behandelten Methoden hingewiesen.

Hierzu werde von der *Bayes-Schätzung* ausgegangen, bei der die Parameter
$\underline{\Theta}$ als stochastische Variable angenommen wurden. Schränkt man dies ein,
und betrachtet die Parameter als (unbekannte) Konstante, dann kann man
im interessierenden Parameterbereich eine Gleichverteilung annehmen. Somit ist in Gl.(9-5) $p(\underline{\Theta})$ = const. zu setzen, und

$$\max_{\underline{\Theta}} p[\underline{Y}|\underline{\Theta}] \tag{10-1}$$

zu suchen. Die Bayes-Schätzung geht für konstante Parameter also in
die *Maximum-Likelihood-Schätzung* über, vgl. Gl.(8-6). Wie bei der Ableitung der Maximum-Likelihood-Methode angegeben, Gl.(8-6) ff., verwendet man anstelle der gemessenen Signale $\underline{Y}$ besser den Gleichungsfehler $\underline{e}$, der statistisch unabhängig angenommen wird, und bildet

$$\max_{\underline{\Theta}} \log p[\underline{e}|\underline{\Theta}]. \tag{10-2}$$

Falls nun $\underline{e}$ ein normalverteiltes Signal ist, gilt mit

$$E\{\underline{e}\} = 0$$

und der Kovarianzmatrix

$$E\{\underline{e}\,\underline{e}^T\} = \underline{R} \tag{10-3}$$

die Gleichung

$$p[\underline{e}|\underline{\Theta}] = \frac{1}{(2\pi)^{N/2}(\det \underline{R})^{1/2}} \exp\left[-\frac{1}{2}\underline{e}^T\underline{R}^{-1}\underline{e}\right]. \tag{10-4}$$

Hieraus folgt

$$\log p[\underline{e}|\underline{\Theta}] = -\frac{1}{2}\underline{e}^T\underline{R}^{-1}\underline{e} + \text{const.} \tag{10-5}$$

und

$$\frac{\partial}{\partial\underline{\Theta}}\log p[\underline{e}|\underline{\Theta}] = -\frac{\partial}{\partial\underline{\Theta}}\underline{e}^T\underline{R}^{-1}\underline{e} = \underline{0}. \tag{10-6}$$

Es ist also eine quadratische Verlustfunktion, deren Fehler $\underline{e}$ mit der Inversen ihrer Kovarianzmatrix gewichtet wird, zu minimisieren. Für normalverteilte Fehlersignale geht die Maximum-Likelihood-Methode also in die *Methode der gewichteten kleinsten Quadrate* über, siehe Abschnitt 4.4, und als Schätzwert folgt

$$\hat{\underline{\Theta}} = [\underline{\Psi}^T \underline{R}^{-1} \underline{\Psi}]^{-1} \underline{\Psi}^T \underline{R}^{-1} \underline{y}. \tag{10-7}$$

Da bei der Ableitung der Maximum-Likelihood-Schätzung angenommen wurde, daß das Fehlersignal $\underline{e}$ statistisch unabhängig ist, ist die Kovarianzmatrix $\underline{R}$ eine Diagonalmatrix, sodaß die Schätzgleichung der *Methode der kleinsten Quadrate* gilt

$$\hat{\underline{\Theta}} = [\underline{\Psi}^T \underline{\Psi}]^{-1} \underline{\Psi}^T \underline{y}. \tag{10-8}$$

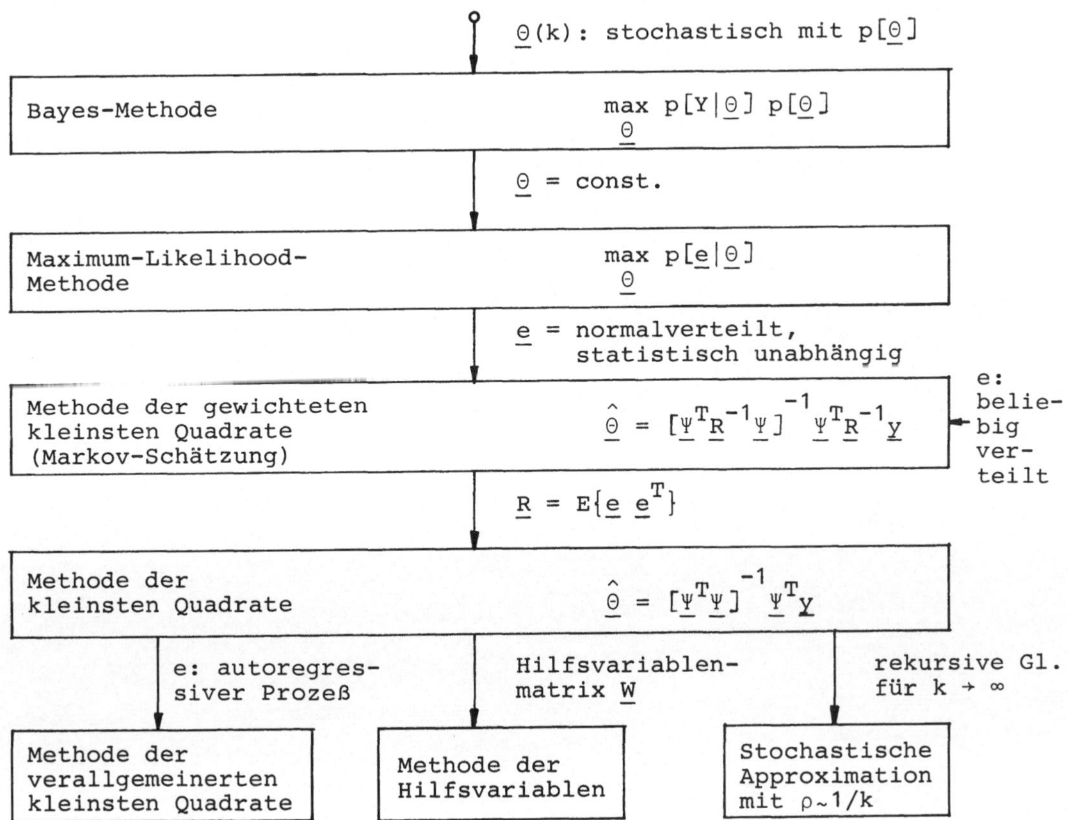


Bild 10.1 Zusammenhänge verschiedener Parameterschätzverfahren für dynamische parametrische Modelle

Somit bestehen also zwischen den einzelnen Methoden die in Bild 10.1
gezeigten Zusammenhänge.

Die in Kapitel 8 beschriebene Maximum-Likelihood-Methode kann, da das
Fehlersignal $\underline{e}$ sowohl normalverteilt als auch statistisch unabhängig
angenommen wurde, als Methode der kleinsten Quadrate betrachtet werden, deren Schätzgleichung, wegen der nichtlinearen Abhängigkeit des
Fehlersignals von den Parametern des Störsignalpolynoms $D(z^{-1})$, iterativ gelöst wird. Es sei ferner erinnert, daß die Methoden der *verallgemeinerten kleinsten Quadrate*, der *Hilfsvariablen* und die *stochastische Approximation* für den Fall Gl.(5.16) durch die in Bild 10.1
angegebenen Modifikationen aus der Methode der kleinsten Quadrate
hervorgehen.

*Somit können alle in Teil B beschriebenen Parameterschätzverfahren
auf die Methode der kleinsten Quadrate zurückgeführt werden.*

# C Zweistufige Identifikation mit nichtparametrischen und parametrischen Modellen

Falls die Struktur des Prozeßmodells nicht im voraus bekannt ist,
kann es zweckmäßig sein, zunächst ein nichtparametrisches Modell zu
identifizieren und dann, ausgehend von diesem Modell, in einer zweiten Stufe die Parameter eines parametrischen Modells zu schätzen.
Zur ersten Identifikationsstufe müssen keine Annahmen über die Modellstruktur gemacht werden; die dabei ermittelten nichtparametrischen Modelle sind im allgemeinen auch für Prozesse mit verteilten
Parametern korrekt. Die Suche der passenden Modellordnung und Totzeit erfolgt dann aufgrund des nichtparametrischen Modells in der
zweiten Identifikationsstufe. Da das nichtparametrische Modell eine
beträchtliche Datenreduktion beinhaltet, kann hierzu im Vergleich zur
Parameterschätzung, die die gemessenen Ein- und Ausgangssignale direkt
verwendet, viel Rechenaufwand gespart werden, denn bei der einstufigen
Parameterschätzung muß für jede gewählte Ordnung oder Totzeit der gan-
ze Datensatz erneut verarbeitet werden.

Das nichtparametrische Modell ist ferner ein willkommenes Zwischenergebnis, da es eine einfache Beurteilung der Güte einer Identifikation
unterstützt.

Diese Vorteile der zweistufigen Prozeßidentifikation können besonders
bei der On-line-Identifikation mit Prozeßrechnern und bei der Identifikation von Mehrgrößensystemen von Nutzen sein.

Den Weg der zweistufigen Prozeßidentifikation sind auch andere Autoren gegangen. Saridis und Stein (1968) und Saridis (1974) haben mittels der stochastischen Approximation und der Korrelationsanalyse zunächst die Gewichtsfunktion ermittelt. Dann wurden 2m unbekannte Parameter eines kanonischen Zustandsraummodelles berechnet, indem p = 2m
Werte der Gewichtsfunktion verwendet wurden. Mehra (1971) verwendete
p $\geq$ 2m Werte der Autokorrelationsfunktion des Ausgangssignales, wobei
für das Eingangssignal weißes Rauschen angenommen werden mußte. Das
Eingangssignal wurde nicht gemessen. Zur Schätzung der Parameter eines
kanonischen Zustandsraummodelles wurde dann die Yule-Walker-Gleichung
verwendet.

Alle diese Methoden ergeben keine effiziente Parameterschätzung, da
in den ersten beiden Fällen nur 2m Gleichungen verwendet wurden, also keine Regression in der zweiten Stufe durchgeführt wurde, und im
letzten Fall nur die Information des Ausgangssignales enthalten ist.

In den folgenden Abschnitten werden zweistufige Identifikationsverfahren beschrieben, die bessere Schätzungen ergeben, da Ein- und
Ausgangssignale und $p \geq 2m$ Gleichungen verwendet werden.

Da die einfachsten nichtparametrischen Modelle Anwortfunktionen auf
nichtperiodische Eingangssignale sind, wie z.B. Sprungfunktionen oder
Rechteckimpulse, wird in Kapitel 11 ein Parameterschätzverfahren betrachtet, das von diesen Modellen ausgeht. In Kapitel 12 wird gezeigt,
wie man die Methode der stochastischen Approximation zur Schätzung des
nichtparametrischen Modells verwenden kann. Bei größeren Störsignalen
ergeben sich eine Reihe besonderer Vorteile, wenn man die Ein- und
Ausgangssignale zunächst einer Korrelationsanalyse unterwirft und dann
eine Parameterschätzung mit den Korrelationsfunktionen durchführt, Kapitel 13.

# 11. Antwortfunktionen auf determinierte Testsignale und Methode der kleinsten Quadrate

Bei kleinem Störsignalpegel läßt sich eine Prozeßidentifikation sehr
einfach und mit etwa gleicher Genauigkeit wie bei anderen Identifikationsverfahren durchführen, wenn man mehrere Antwortfunktionen auf
determinierte Eingangssignale gleicher Form mißt und sie anschließend
zur Elimination stochastischer Störsignale arithmetisch mittelt. Die
Eingangssignale müssen dabei die interessierenden Eigenwerte der Prozesse anregen, können aber sonst beliebige Form haben. Bevorzugt werden wegen der einfachen Erzeugung Sprung- oder Rampenfunktionen und
Rechteck- oder Trapezimpulse, Bild 11.1. Sprung- oder Rampenfunktionen

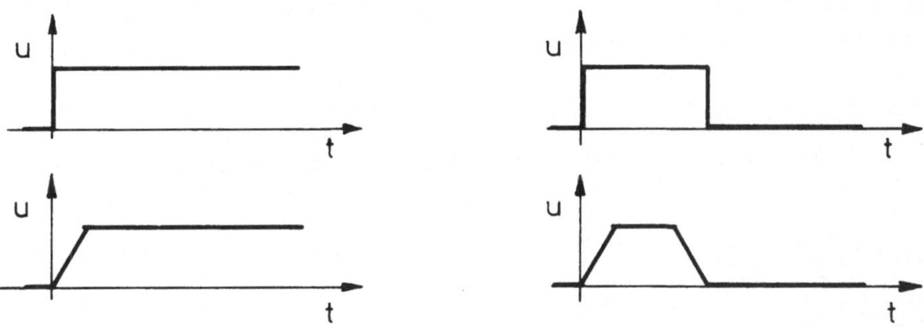

Bild 11.1 Nichtperiodische Testsignale

regen besonders die niederen Frequenzen an, Rechteck- oder Trapezimpulse die mittleren und höheren Frequenzen. Rechteckimpulse sind zu
bevorzugen, wenn das Modell zur Beschreibung des Verhaltens eines geschlossenen Regelkreises verwendet wird. Es ist im allgemeinen zweckmäßig, Sprungfunktionen und Rechteckimpulse zu einer Testsignalfolge
geeignet zu kombinieren, Isermann (1971a).

Es werde mit $u_j(k)$ ein determiniertes Eingangssignal und mit $y_{Pj}(k)$
das zugehörige Ausgangssignal betrachtet. Hierbei sind $u_j(k)$ und
$y_j(k)$ Abweichungen vom Beharrungszustand, also z.B.

$$y_j(k) = Y(k) - Y_{00}.$$

Die Beharrungswerte $Y_{00}$ und $U_{00}$ müssen bekannt sein, bzw. durch vorherige Identifikation bestimmt werden. Werden M gleiche Eingangssignale hintereinander eingegeben, dann gilt für die gemittelte Antwortfunktion

$$\bar{y}_P(k) = \frac{1}{M} \sum_{j=1}^{M} y_{Pj}(k). \tag{11-1}$$

Bei einem dem Ausgangsnutzsignal $y_u(k)$ überlagerten korrelierten Störsignal $n(k)$ erhält man mit

$$y_{Pj}(k) = y_{uj}(k) + n_j(k) \tag{11-2}$$

für den Erwartungswert

$$E\{\bar{y}_P(k)\} = y_u(k) + E\{\bar{n}(k)\}. \tag{11-3}$$

Der Erwartungswert des gemittelten Ausgangssignales ist also gleich dem Nutzsignal falls $E\{n(k)\} = 0$.

Zur Parameterschätzung wird nun $\bar{y}_P(k) = y(k)$ gesetzt. Es werde ein parametrisches Modell in Form einer Differenzengleichung nach Gl. (4.2-1) bzw. (4.2-9) angenommen

$$\begin{aligned} y(k) = &- a_1 y(k-1) - a_2 y(k-2) - \ldots - a_m y(k-m) \\ &+ b_1 u(k-d-1) + b_2 u(k-d-2) + \ldots + b_m u(k-d-m) \end{aligned} \tag{11-4}$$

bzw.

$$y(k) = \underline{\psi}^T(k)\underline{\Theta} \tag{11-5}$$

wobei

$$\underline{\psi}^T(k) = [- y(k-1) \ldots - y(k-m) \mid u(k-d-1) \ldots u(k-d-m)] \tag{11-6}$$

$$\underline{\Theta}^T = [a_1 \ldots a_m \mid b_1 \ldots b_m]. \tag{11-7}$$

Setzt man in Gl.(11-5) die geschätzten Parameter $\hat{\underline{\Theta}}$ ein, dann kann

$$y_M(k) = \underline{\psi}^T(k)\hat{\underline{\Theta}} \tag{11-8}$$

als die Vorhersage $y_M(k)$ des Modelles aufgrund der Meßwerte $y(k-1)$, ..., $y(k-m)$ und $u(k-d-1)$, ..., $u(k-d-m)$ interpretiert werden. Man bildet nun den Fehler

$$e(k) = y(k) - y_M(k) = y(k) - \underline{\psi}^T(k)\hat{\underline{\Theta}} \tag{11-9}$$

und wendet die Methode der kleinsten Quadrate an. Hierzu wird Gl.
(11-4) für die Zeitpunkte $1+d \le k \le \ell+d$ der gemittelten Antwortfunktion y(k) in Vektorform geschrieben

$$
\begin{bmatrix} y(1+d) \\ y(2+d) \\ \cdot \\ \cdot \\ \cdot \\ y(\ell+d) \end{bmatrix} = \begin{bmatrix} -y(d) & \dots & -y(1+d-m) & u(0) & O & \dots & O \\ -y(1+d) & \dots & -y(2+d-m) & u(1) & u(0) & \dots & O \\ \cdot & & \cdot & \cdot & \cdot & & \\ \cdot & & \cdot & \cdot & \cdot & & \\ \cdot & & \cdot & \cdot & \cdot & & \\ -y(\ell+d-1) & \dots & -y(\ell+d-m) & u(\ell-1) & u(\ell-2) & \dots & u(\ell-m) \end{bmatrix} \begin{bmatrix} a_1 \\ a_2 \\ \vdots \\ b_1 \\ b_2 \\ \vdots \\ b_m \end{bmatrix}
$$

$$\underline{y} \quad = \qquad\qquad\qquad \underline{R} \qquad\qquad\qquad\qquad \cdot \quad \underline{\Theta}.$$

$$(11-10)$$

Mit

$$\underline{e}^T = [e(1+d)\ e(2+d)\ \dots\ e(\ell+d)] \qquad\qquad (11-11)$$

gilt dann für den Fehler

$$\underline{e} = \underline{y} - \underline{R}\,\underline{\Theta} \qquad\qquad (11-12)$$

und Minimieren der Verlustfunktion

$$V = \underline{e}^T\underline{e} = \sum_{k=1+d}^{\ell+d} e^2(k) \qquad \ell \ge 2m \qquad\qquad (11-13)$$

führt nach Kapitel 4 auf die Schätzgleichung

$$\hat{\underline{\Theta}} = [\underline{R}^T\underline{R}]^{-1}\underline{R}^T\underline{y}. \qquad\qquad (11-14)$$

Die Parameterschätzwerte dieser zweistufigen Identifikationsmethode
sind konsistent im quadratischen Mittel, da für das Fehlersignal mit
Gl.(11-2), (11-1), (11-4), (11-9) gilt

$$\lim_{M\to\infty} e(k)\Big|_{\hat{\underline{\Theta}}=\underline{\Theta}_O} = \lim_{M\to\infty} \left[ \bar{n}(k) + a_1\bar{n}(k-1) + \dots + a_m\bar{n}(k-m) \right] = 0 \qquad (11-15)$$

falls $E\{n(k)\} = O$, und somit

$$\lim_{M\to\infty} E\{\hat{\underline{\Theta}}-\underline{\Theta}_O\} = \lim_{M\to\infty} E\{ [\underline{R}^T\underline{R}]^{-1}\underline{R}^T\underline{e} \} = \underline{O} \qquad\qquad (11-16)$$

$$\lim_{M\to\infty} E\{ (\hat{\underline{\Theta}}-\underline{\Theta}_O)(\hat{\underline{\Theta}}-\underline{\Theta}_O)^T \} = \lim_{M\to\infty} E\{ [\underline{R}^T\underline{R}]^{-1}\underline{R}^T\underline{e}^T\underline{e}\,\underline{R}[\underline{R}^T\underline{R}]^{-1} \} = \underline{O}. \qquad (11-17)$$

Die Wahl von $\ell$ ist so zu treffen, daß bei nichtperiodischen Eingangssignalen alle Werte y(k) eines transitorischen Ablaufes erfaßt werden.

Eine untere Schranke ergibt sich durch die Bedingung $\ell \geq 2m$, eine obere Schranke dadurch, daß keine linear abhängigen (oder auch näherungsweise linear abhängigen) Differenzengleichungen verwendet werden dürfen. $\ell$ ist deshalb so groß zu wählen, daß der neue Beharrungszustand für $y(\ell)$ näherungsweise erreicht ist.

Ein Sonderfall dieses Parameterschätzverfahrens entsteht, wenn die Anwortfunktion $y_j(k)$ gleich einer Gewichtsfunktion $g(k)$ ist. Es ist dann $u(0) \neq 0$ und es ist $u(k) = 0$ für $k \geq 0$ zu setzen, Isermann u.a. (1973b).

Die beschriebene Parameterschätzmethode kann auch für ein Pseudo-Rausch-Binär-Signal als Eingangssignal verwendet werden. Dabei sind für den eingeschwungenen Zustand die Anwortfunktionen für die Dauer einer Periode $\ell = N$ zu mitteln. In $\underline{R}$ sind die Eingangssignalwerte $u(k)$ für eine Periode, d.h. $0 \leq k \leq N-1$, einzusetzen.

Diese zweistufige Methode der kleinsten Quadrate ist nicht auf lineare Prozesse beschränkt, sondern kann auch für nichtlineare Prozesse, die linear in den Parametern sind, angewandt werden.

Es sei noch einmal hervorgehoben, daß der Unterschied dieser zweistufigen Methode zur einstufigen Methode der kleinsten Quadrate nach Abschnitt 4.2 darin besteht, daß die Ausgangssignalwerte vor der Parameterschätzung gemittelt werden und somit eine erste Verminderung des Störsignaleinflusses entsteht. Dabei reduziert sich der Rechenaufwand (Rechenzeit und Speicherplatzbedarf), und das Problem der Bias bei korreliertem Fehlersignal wird umgangen.

# 12. Stochastische Approximation und Methode der kleinsten Quadrate

Das nichtparametrische Modell der ersten Identifikationsstufe kann
auch mit der Methode der stochastischen Approximation gewonnen werden.
Hierzu werden die Gewichtsfunktionswerte betrachtet.

Mit der Annahme daß

$$\left.\begin{array}{ll} g(\nu) = 0 & \text{für } \nu = 0 \\ g(\nu) \neq 0 & \text{für } 1 \leq \nu \leq \ell \\ g(\nu) \approx 0 & \text{für } \nu > \ell \end{array}\right\} \qquad (12\text{-}1)$$

gilt die Faltungssumme

$$y(k) = \sum_{\nu=1}^{\ell} g(\nu)u(k-\nu) \qquad (12\text{-}2)$$

bzw.

$$y(k) = \underline{u}^T(k)\underline{g} \qquad (12\text{-}3)$$

wobei

$$\underline{u}^T(k) = [u(k-1)\ u(k-2)\ \ldots\ u(k-\ell)] \qquad (12\text{-}4)$$

$$\underline{g}^T = [g(1)\ g(2)\ \ldots\ g(\ell)] \qquad (12\text{-}5)$$

Als Gleichungsfehler werde

$$e(k) = y(k) - \underline{u}^T(k)\underline{g} \qquad (12\text{-}6)$$

definiert. Dann folgt mit der Verlustfunktion

$$V = e^2(k) \qquad (12\text{-}7)$$

$$\frac{\partial V}{\partial \underline{\Theta}} = -2\underline{u}(k)[y(k) - \underline{u}^T(k)\underline{g}(k)] \qquad (12\text{-}8)$$

und nach dem Kiefer-Wolfowitz-Algorithmus, Gl.(5-9) und (5-15), lautet
der stochastische Approximationsalgorithmus

$$\hat{\underline{g}}(k+1) = \hat{\underline{g}}(k) + 2\rho(k+1)\underline{u}(k+1)[y(k+1) - \underline{u}^T(k+1)\hat{\underline{g}}(k)]. \qquad (12\text{-}9)$$

Hierbei kann der Gewichtsfaktor nach Gl.(5-16)

$$2\rho(k+1) \;=\; \frac{1}{k+1} \tag{12-10}$$

gewählt werden. Bessere Ergebnisse erhält man jedoch mit einem Verlauf nach Bild 5.1. Zum Start wird $\underline{g}(O) = \underline{O}$ gesetzt.

Dieser Algorithmus liefert jedoch nur dann biasfreie Schätzwerte,
wenn das Fehlersignal e(k) statistisch unabhängig ist. Nach Gl.(12-6)
bedeutet dies, daß das Störsignal n(k) statistisch unabhängig sein
muß.

Die Prozeßparameter $\underline{\theta}$ nach Gl.(11-7) lassen sich schließlich nach
der in Gl.(11-4) bis (11-14) beschriebenen Methode der kleinsten Quadrate schätzen.

# 13. Korrelationsanalyse und Methode der kleinsten Quadrate

Wenn als Eingangssignal ein stationäres stochastisches oder pseudo-stochastisches Signal verwendet wird, dann gilt für die Autokorrelationsfunktion des Eingangssignales

$$\Phi_{uu}(\tau) = \lim_{N\to\infty} \frac{1}{N+1} \sum_{k=0}^{N} u(k)u(k-\tau) \tag{13-1}$$

und für die Kreuzkorrelationsfunktion aus Ein- und Ausgangssignal

$$\Phi_{uy}(\tau) = \lim_{N\to\infty} \frac{1}{N+1} \sum_{k=0}^{N} u(k-\tau)y(k). \tag{13-2}$$

Die Korrelationsfunktionen können dabei auch rekursiv ermittelt werden. Hierzu schreibt man

$$\hat{\Phi}_{uy}(\tau,k-1) = \frac{1}{k} \sum_{\nu=0}^{k-1} u(\nu-\tau)y(\nu)$$

$$\hat{\Phi}_{uy}(\tau,k) = \frac{1}{k+1} \sum_{\nu=0}^{k} u(\nu-\tau)y(\nu)$$

$$= \frac{1}{k+1} \left[ \underbrace{\sum_{\nu=0}^{k-1} u(\nu-\tau)y(\nu)}_{k\hat{\Phi}_{uy}(\tau,k-1)} + u(k-\tau)\,y(k) \right]$$

und erhält

$$\hat{\Phi}_{uy}(\tau,k) = \hat{\Phi}_{uy}(\tau,k-1) + \frac{1}{k+1} \left[ u(k-\tau)y(k) - \hat{\Phi}_{uy}(\tau,k-1) \right]. \tag{13-3}$$

Für das Prozeßmodell gelte die Differenzengleichung

$$y(k) = -a_1 y(k-1) - a_2 y(k-2) - \ldots - a_m y(k-m)$$
$$+ b_1 u(k-d-1) + b_2 u(k-d-2) + \ldots + b_m u(k-d-m). \tag{13-4}$$

Nach Multiplikation mit $u(k-\tau)$ und Bilden des Erwartungswertes erhält man die Differenzengleichung für die Korrelationsfunktionen

$$\Phi_{uy}(\tau) = -a_1 \Phi_{uy}(\tau-1) - a_2 \Phi_{uy}(\tau-2) - \ldots - a_m \Phi_{uy}(\tau-m)$$
$$+ b_1 \Phi_{uu}(\tau-d-1) + b_2 \Phi_{uu}(\tau-d-2) + \ldots + b_m \Phi_{uu}(\tau-d-m). \tag{13-5}$$

Diese Beziehung ist die grundlegende Gleichung für das folgend beschriebene Parameterschätzverfahren, Isermann u.a. (1973 b), (1974 a).
Es sei angemerkt, daß Gl.(13-5) auch dann entsteht, wenn Gl.(13-4)
mit u(k-τ) multipliziert wird und wenn dann der Mittelwert über eine
endliche Anzahl N von Produkten gebildet wird. Zur Bezeichnung dieser Mittelwerte seien jedoch die Symbole für die exakten Korrelationsfunktionen verwendet. Somit gilt Gl.(13-5) auch für

$$\Phi_{uy}^{N}(\tau) = \frac{1}{N+1} \sum_{k=0}^{N} u(k-\tau) y(k) . \tag{13-6}$$

Die zur Parameterschätzung verwendeten Kreuzkorrelationsfunktionswerte
seien $\Phi_{uy}(\tau) \neq 0$ im Bereich $-P \leq \tau \leq M$ und es sei $\Phi_{uy}(\tau) \approx 0$ für
$\tau < -P$ und $\tau > M$, vgl. Bild 13.1. Dann gilt das folgende Gleichungs-
system

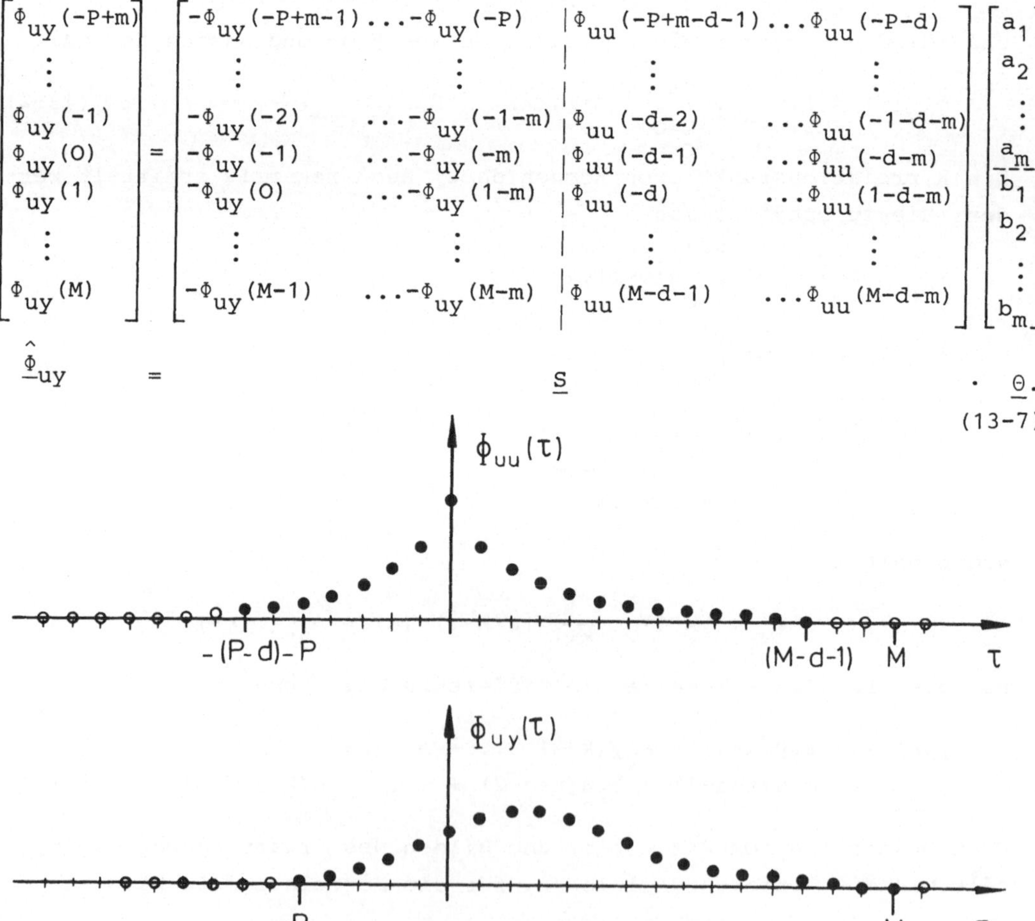

Bild 13.1 Zur Parameterschätzung verwendete Korrelationsfunktionswerte
bei farbigem Rauschen als Eingangssignal

Gl.(13-6) kann als Vorhersage von Werten $[\hat{\phi}_{uy}(\tau)]_M$ aufgrund des Modelles Gl.(13-4) bzw. (13-5) und aufgrund der vergangenen Werte $\hat{\phi}_{uy}(\tau-1)$, ..., $\hat{\phi}_{uy}(\tau-m)$ und $\hat{\phi}_{uu}(\tau-d-1)$, ..., $\hat{\phi}_{uu}(\tau-d-m)$ aufgefaßt werden.

In Vektorform lautet diese Vorhersage

$$[\hat{\underline{\phi}}_{uy}]_M = \underline{S}\,\underline{\Theta}. \tag{13-8}$$

Als Gleichungsfehler sei definiert

$$\underline{e} = \hat{\underline{\phi}}_{uy} - [\hat{\underline{\phi}}_{uy}]_M, \tag{13-9}$$

also der Fehler zwischen der neuen Beobachtung und seiner Vorhersage durch das Modell. Die Anwendung der Methode der kleinsten Quadrate liefert dann nach Minimieren der Verlustfunktion

$$V = \underline{e}^T\underline{e} = \sum_{\tau=-P+m}^{M} e^2(\tau) \tag{13-10}$$

nach Kapitel 4 die Schätzgleichung

$$\hat{\underline{\Theta}} = [\underline{S}^T\underline{S}]^{-1}\underline{S}^T\,\hat{\underline{\phi}}_{uy}. \tag{13-11}$$

Bild 1.10 zeigt eine identifizierte Korrelationsfunktion (Gewichtsfunktion), die große Streuungen aufweist. Nach Anwenden der Parameterschätzung nach Gl.(13-11) ergibt sich eine Glättung und eine wesentlich bessere Übereinstimmung mit der exakten Gewichtsfunktion.

Es wird nun die Konvergenz der Schätzung untersucht. Nach Abschnitt 3.1 und 3.2 gilt

$$\lim_{N\to\infty} \phi_{uu}^N(\tau) = \phi_{uu}^O(\tau) \tag{13-12}$$

$$\lim_{N\to\infty} \phi_{uy}^N(\tau) = \phi_{uy}^O(\tau) \tag{13-13}$$

falls $E\{n(k)\} = 0$ und $E\{u(k-\tau)n(k)\} = 0$.

Somit konvergieren die endlichen Mittelwerte nach Gl.(13-6) gegen die exakten Werte der Korrelationsfunktion und es folgt, falls das verwendete Modell in Struktur und Ordnung exakt mit dem Prozeß übereinstimmt,

$$\lim_{N\to\infty} \underline{e} = \lim_{N\to\infty}\left[\hat{\underline{\phi}}_{uy}^N - [\underline{\phi}_{uy}^N]_M\right] = 0. \tag{13-14}$$

Mit der Annahme, daß die Prozeßparameter biasfrei geschätzt werden, folgt aus den Gl.(13-11), (13-9) und (13-8)

$$\lim_{N\to\infty} E\{\hat{\underline{\theta}}\} = \underline{\theta}_O + \lim_{N\to\infty} E\{[\underline{S}^T\underline{S}]^{-1}\underline{S}^T\underline{e}\}. \tag{13-15}$$

Da der zweite Term wegen Gl.(13-14) verschwindet, wird die Bedingung für die gerade getroffene Annahme erfüllt. Somit gilt

$$\lim_{N\to\infty} E\{\hat{\underline{\theta}}\} = \underline{\theta}_O. \tag{13-16}$$

Für die Kovarianz der Schätzwerte gilt

$$E\{(\hat{\underline{\theta}}-\underline{\theta}_O)(\hat{\underline{\theta}}-\underline{\theta}_O)^T\} = E\left\{\left[[\underline{S}^T\underline{S}]^{-1}\underline{S}^T\underline{e}\right]\left[[\underline{S}^T\underline{S}]^{-1}\underline{S}^T\underline{e}\right]^T\right\}$$

$$= E\{[\underline{S}^T\underline{S}]^{-1}\underline{S}^T\underline{e}\,\underline{e}^T\underline{S}[\underline{S}^T\underline{S}]^{-1}\}$$

und mit Gl.(13-14) folgt

$$\lim_{N\to\infty} E\{(\hat{\underline{\theta}}-\underline{\theta}_O)(\hat{\underline{\theta}}-\underline{\theta}_O)^T\} = \underline{O}. \tag{13-17}$$

Die Parameterschätzwerte sind also konsistent im quadratischen Mittel.

Diese zweistufige Parameterschätzmethode kann nichtrekursiv oder rekursiv angewendet werden.

Nichtrekursive Version:

a) u(k) und y(k) werden gespeichert.

b) $\Phi_{uy}(\tau)$ und, falls erforderlich, $\Phi_{uu}(\tau)$ werden nach Gl.(13-1) und (13-2) bestimmt.

c) $\hat{\underline{\theta}}$ wird nach Gl.(13-11) geschätzt.

Rekursive Version:

a) $\Phi_{uy}(\tau,k)$ und, falls erforderlich, $\Phi_{uu}(\tau,k)$ werden nach Gl.(13-3) nach jedem Abtastschritt rekursiv bestimmt. u(k) und y(k) müssen dann nicht gespeichert werden.

b) $\hat{\underline{\theta}}$ wird nach Gl.(13-11) nach jedem Abtastschritt, oder, falls dies nicht erforderlich ist, nach größeren Zeitabschnitten geschätzt.

Bei der grundlegenden Differenzengleichung Gl.(13-4) wurden nur die Änderungen der Signale

$$y(k) = Y(k) - Y_{OO}; \quad u(k) = U(k) - U_{OO}$$

betrachtet. Setzt man diese Beziehungen in Gl.(13-4) ein, ermittelt dann Gl.(13-5), dann läßt sich zeigen, daß die Wahl von $Y_{OO}$ keinen

Einfluß auf die Parameterschätzung hat, sofern

$$U_{OO} = E\{u(k)\} = O.$$

Das bisher beschriebene Verfahren gilt für beliebige Autokorrelationsfunktionen des Eingangssignals, also für ein beliebig farbiges, stationäres stochastisches Signal. Wenn das Eingangssignal jedoch *weißes
Rauschen* ist, vereinfachen sich die Gleichungen. Mit der Autokorrelationsfunktion für das weiße Rauschen

$$\Phi_{uu}(\tau) = O \text{ für } |\tau| \neq O$$

$$\Phi_{uu}(O) \neq O$$

und mit

$$\Phi_{uy}(\tau) = O \text{ für } \tau < O$$

gilt dann nach Gl.(3.2-6)

$$\hat{g}(\tau) = \frac{1}{\Phi_{uu}(O)} \hat{\Phi}_{uy}(\tau) \tag{13-18}$$

und aus Gl.(11-10) folgt

$$\begin{bmatrix} g(1+d) \\ g(2+d) \\ \vdots \\ g(\ell+d) \end{bmatrix} = \begin{bmatrix} -g(d) & \cdots & -g(1+d-m) & | & 1 & O & \cdots & O \\ -g(1+d) & \cdots & -g(2+d-m) & | & O & 1 & & O \\ \vdots & & \vdots & | & \vdots & \vdots & \ddots & \vdots \\ & & & | & & & & 1 \\ -g(\ell+d-1) & \cdots & -g(\ell+d-m) & | & O & O & & O \end{bmatrix} \begin{bmatrix} a_1 \\ \vdots \\ a_m \\ b_1 \\ \vdots \\ b_m \end{bmatrix}$$

$$\underline{g} \qquad = \qquad \underline{Q} \qquad \underline{\Theta} \tag{13-19}$$

Wendet man auf dieses Gleichungssystem die Methode der kleinsten Quadrate an, dann wird

$$\hat{\underline{\Theta}} = [\underline{Q}^T\underline{Q}]^{-1}\underline{Q}^T\underline{g}. \tag{13-20}$$

Wird ein PRBS verwendet, dessen Taktzeit $\lambda$ gleich der Abtastzeit $T_O$
ist, dessen Periode N und dessen Amplitude a ist, dann lautet seine
Autokorrelationsfunktion

$$\Phi_{uu}(\tau) = \begin{cases} a^2 & \text{für } \tau = O \\ -\dfrac{a^2}{N} = -\alpha & \text{für } |\tau| \neq O \end{cases} \tag{13-21}$$

und aus Gl.(13-7) folgt, vgl. Bild 13.2,

$$
\begin{bmatrix}
\Phi_{uy}(1) \\
\Phi_{uy}(2) \\
\vdots \\
\Phi_{uy}(1+d) \\
\vdots \\
\Phi_{uy}(M)
\end{bmatrix}
=
\left[
\begin{array}{ccc|ccc}
-\Phi_{uy}(0) & \cdots & -\Phi_{uy}(1-m) & -\alpha & \cdots & -\alpha \\
-\Phi_{uy}(1) & \cdots & -\Phi_{uy}(2-m) & -\alpha & \cdots & -\alpha \\
\vdots & & \vdots & \vdots & & \\
-\Phi_{uy}(d) & \cdots & -\Phi_{uy}(1+d-m) & \Phi_{uu}(0) & \cdots & -\alpha \\
& & & -\alpha & \ddots & \vdots \\
\vdots & & \vdots & \vdots & & \Phi_{uu}(0) \\
-\Phi_{uy}(M-1) & \cdots & -\Phi_{uy}(M-m) & -\alpha & \cdots & -\alpha
\end{array}
\right]
\begin{bmatrix}
a_1 \\
\vdots \\
a_m \\
b_1 \\
\vdots \\
b_m
\end{bmatrix}
$$

$$
\underline{\Phi}_{uy}^{*} \quad = \quad \underline{S}^{*} \quad\quad\quad \cdot \underline{\Theta}.
$$

$$(13\text{-}22)$$

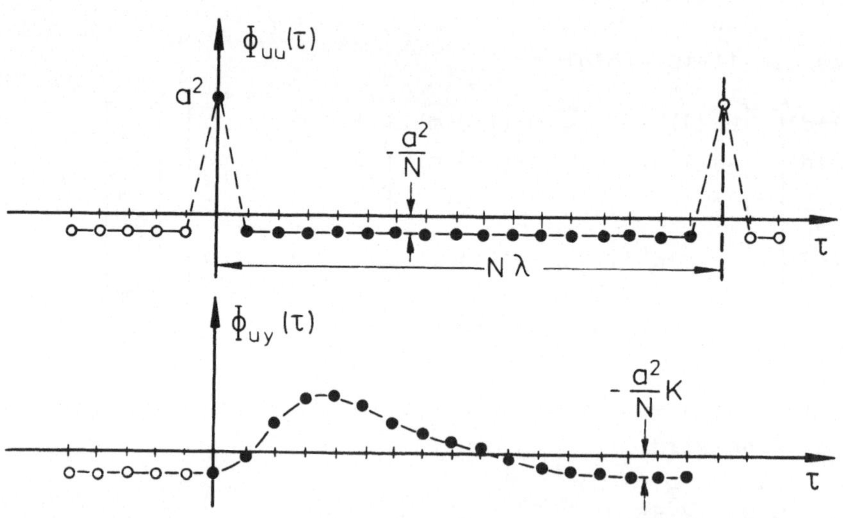


**Bild 13.2** Zur Parameterschätzung verwendete Korrelationsfunktionswerte bei einem PRBS als Eingangssignal. $\lambda = T_0 \cdot K$, Verstärkungsfaktor des Prozesses

Die Parameterschätzung ist dann

$$
\hat{\underline{\Theta}} = [\underline{S}^{*T}\underline{S}^{*}]^{-1}\,\underline{S}^{*T}\,\underline{\Phi}_{uy}^{*}.
$$

$$(13\text{-}23)$$

Außer den in der Einführung zu Teil C genannten Vorteilen einer zweistufigen Parameterschätzung verfügt diese *Korrelationsanalyse mit
Parameterschätzung* noch über andere Vorzüge.

Es müssen keine Startmatrix und keine Anfangswerte der Parameter gewählt
werden. Eine Divergenz der Schätzwerte ist unter den getroffenen Voraussetzungen nicht möglich. Im Vergleich zu den anderen biasfreien Parameterschätzverfahren hat diese Methode eine kleine Rechenzeit, wenig
Speicherplatzbedarf und liefert besonders gute Ergebnisse, vgl. Abschnitt 14.2.

Die beschriebene Methode Korrelation und kleinste Quadrate ist nicht
auf lineare Prozesse beschränkt, sondern kann auch auf *nichtlineare
Prozesse*, die linear in den Parametern sind, angewandt werden. Als
Beispiel sei die nichtlineare Differenzengleichung

$$y^2(k) + a_1 y(k-1) = b_1 u(k-1) \tag{13-24}$$

gewählt. Nach Multiplikation mit $u(k-\tau)$ und Mittelwertbildung gilt

$$\frac{1}{N+1} \sum_{k=0}^{N} y^2(k)u(k-\tau) + a_1 \frac{1}{N+1} \sum_{k=0}^{N} y(k-1)u(k-\tau) = b_1 \frac{1}{N+1} \sum_{k=0}^{N} u(k-1)u(k-\tau)$$

$$\tag{13-25}$$

oder

$$\Phi_{uy}^{N}2(\tau) + a_1 \Phi_{uy}^{N}(\tau-1) = b_1 \Phi_{uu}^{N}(\tau-1) . \tag{13-26}$$

Hierbei konvergiert der nichtlineare Term

$$\lim_{N \to \infty} \Phi_{uy}^{N}2(\tau) = \Phi_{uy}^{0}2(\tau) \tag{13-27}$$

gegen den exakten Wert, falls

$$E\{n(k)\} = 0 \quad \text{und} \quad E\{u(k)\} = 0. \tag{13-28}$$

# D Ergänzungen


In den Teilen A, B und C wurden verschiedene *Methoden* zur Identifikation und Parameterschätzung dynamischer Prozesse betrachtet.

Im folgenden Kapitel 14 sind die *charakteristischen Merkmale* der verschiedenen Parameterschätzverfahren zusammengefaßt und es werden die Ergebnisse eines *Vergleichs* mehrerer Verfahren gezeigt.

Da bei den Parameterschätzverfahren die Ordnung m und die Totzeit d des Prozeßmodells als bekannt vorausgesetzt bzw. angenommen werden müssen, werden in Kapitel 15 Verfahren zur *Ermittlung der richtigen Ordnung und Totzeit* angegeben.

Kapitel 16 behandelt verschiedene Probleme. Es werden grundsätzliche Überlegungen zur *Wahl des Eingangssignals* und zur *Wahl der Abtastzeit* angestellt. Dann werden Verfahren zur *Elimination von niederfrequenten Störsignalen* wie z.B. Drift betrachtet. Es schließt sich eine kurze Übersicht der Verfahren zur Identifikation *zeitvarianter Prozesse* an. Letzte Stufe einer Prozeßidentifikation ist die *Überprüfung* des erhaltenen Modells. Hierzu werden verschiedene Möglichkeiten angegeben. Sodann werden die Ergebnisse der *On-line Identifikation* eines Wärmeaustauschers mit einem *Prozeßrechner* beschrieben.

# 14. Vergleich der Parameterschätzverfahren

## 14.1 Übersicht

Bei den einzelnen Parameterschätzverfahren mußten zum Erreichen biasfreier Parameterschätzungen verschiedene Annahmen über die Struktur
des Störfilters und über das Störsignal bzw. Fehlersignal gemacht werden. Diese Annahmen sollen im folgenden verglichen und auf ihre Übereinstimmung mit realen Prozessen hin geprüft werden.

Es sei zunächst die in Bild 14.1 gezeigte Modellanordnung betrachtet.

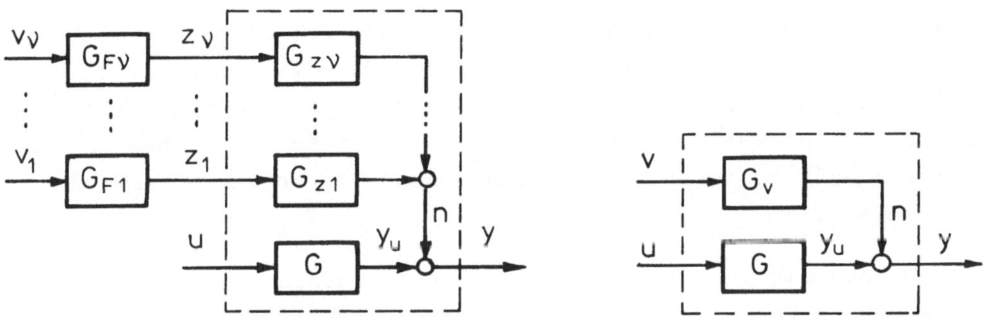



Bild 14.1 Modelle linearer Prozesse

Wenn das Prozeßübertragungsverhalten $G(z)$ identifiziert werden soll,
dann muß man im allgemeinen davon ausgehen, daß der Prozeß durch
mehrere Störsignale $z_1$, $z_2$, ..., $z_\nu$ gestört wird. Für diese Störungen wird angenommen, daß sie über die als linear angenommenen Störübertragungsverhalten $G_{z1}(z)$, $G_{z2}(z)$, ..., $G_{z\nu}(z)$ auf das gemessene
Ausgangssignal einwirken. Falls die $z_i$ stationäre stochastische Störsignale sind, dann kann man sie aus verschiedenen weißen Rauschsigna-
len $v_i$, die durch Formfilter $G_{Fi}(z)$ gefiltert werden, erzeugt denken.
Damit gilt

$$n(z) = G_{z1}(z)\, G_{F1}(z)\, v_1(z) + ... + G_{z\nu}(z)\, G_{F\nu}(z)\, v_\nu(z). \qquad (14.1-1)$$

Diese Modellvorstellung wird zur Identifikation des Prozesses G(z)
im allgemeinen noch dahin vereinfacht, daß nur ein einziges Störsignalfilter $G_v(z)$ und ein einziges weißes Rauschsignal v angenommen wird

$$n(z) = G_v(z) \, v(z).$$
(14.1-2)

Man nimmt also dabei an, daß die verschiedenen Störsignalfilter linear
sind und daß man die verschiedenen weißen Rauschsignalquellen in einem
einzigen Rauschsignal darstellen kann.

Über diese Vereinfachungen kann zum gegenwärtigen Zeitpunkt kaum etwas
Allgemeines gesagt werden, da nur wenige Untersuchungen über Störsignale und ihre Entstehung bekannt sind.

Man muß jedoch davon asugehen, daß die vereinfachte Modellvorstellung
nach Bild 14.1 eine Näherung ist, und daß bei den Identifikationsverfahren darauf geachtet werden sollte, daß über das Störsignalfilter
$G_v(z)$ keine einschränkenden Annahmen getroffen werden.

An dieser Stelle sei noch einmal erwähnt, daß bei allen betrachteten
Identifikationsverfahren angenommen wurde, daß die Störsignalkomponente n stationär ist. Häufig treten jedoch, wie in Abschnitt 1.2 beschrieben, nichtstationäre Störsignale oder Störsignale unbekannten
Charakters auf, zu deren Elimination besondere Verfahren verwendet
werden müssen.

Es sollen nun die bei den einzelnen Parameterschätzverfahren getroffenen Annahmen über die Störsignale und andere A-priori-Annahmen verglichen werden.

Für alle Verfahren mußte angenommen werden, daß

$$
\left.
\begin{aligned}
E\{u(k)\,n(k-\tau)\} &= 0 \qquad \text{für alle } \tau \\
E\{n(k)\} &= 0 \\
E\{v(k)\,v(k-\tau)\} &= 0 \qquad \text{für alle } |\tau| \neq 0.
\end{aligned}
\right\}
$$
(14.1-3)

Tabelle 14.1 zeigt die getroffenen Annahmen über das Störsignalfilter,
das im allgemeinsten Fall die Struktur

$$G_v(z) = \frac{D(z^{-1})}{C(z^{-1})} = \frac{d_0 + d_1 z^{-1} + \ldots + d_p z^{-p}}{c_0 + c_1 z^{-1} + \ldots + c_p z^{-p}}$$
(14.1-4)

hat.

Tabelle 14.1 Übersicht der Strukturen von Prozeß und Störsignalfilter und der besonderen A-priori-Annahmen für biasfreie Parameterschätzung

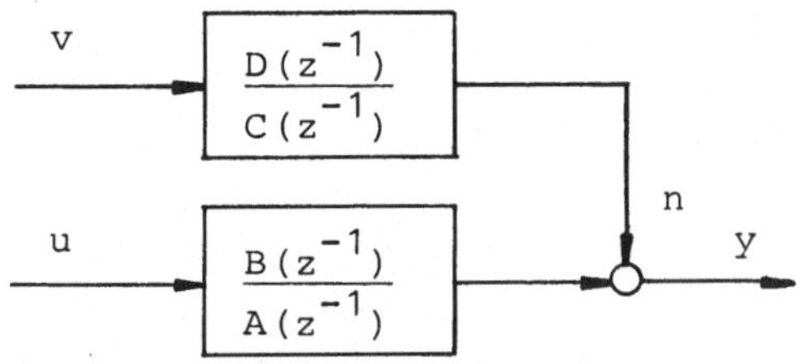

$$v \longrightarrow \boxed{\dfrac{D(z^{-1})}{C(z^{-1})}} \qquad u \longrightarrow \boxed{\dfrac{B(z^{-1})}{A(z^{-1})}} \xrightarrow{\ n\ } \bigcirc \longrightarrow y$$

| | Parameter-schätz-methode | Prozeß-modell | Störfilter-annahme | Besondere A-priori-Annahmen | Bemerkung |
|---|---|---|---|---|---|
| Einstufig | Kleinste Quadrate | —— | $\dfrac{1}{C(z^{-1})}$ | —— | Autoregres-siver Prozeß |
| | | —— | $D(z^{-1})$ | —— | Summierender Prozeß |
| | | $\dfrac{B(z^{-1})}{A(z^{-1})}$ | $\dfrac{1}{A(z^{-1})}$ | —— | |
| | Stochas-tische Approxi-mation | $\dfrac{B(z^{-1})}{A(z^{-1})}$ | $\dfrac{1}{A(z^{-1})}$ | —— | nur rekursiv |
| | Verallge-meinerte kleinste Quadrate | $\dfrac{B(z^{-1})}{A(z^{-1})}$ | $\dfrac{1}{A(z^{-1})F(z^{-1})}$ | Ordnung $\nu$ von $F(z^{-1})$ | |
| | Maximum Likeli-hood | $\dfrac{B(z^{-1})}{A(z^{-1})}$ | $\dfrac{D(z^{-1})}{A(z^{-1})}$ | e bzw. n normal-verteilt | |
| | Hilfs-vari-able | $\dfrac{B(z^{-1})}{A(z^{-1})}$ | $\dfrac{D(z^{-1})}{C(z^{-1})}$ | —— | |
| Zweistufig | Determi-nierte Test-signale und kleinste Quadrate | $\dfrac{B(z^{-1})}{A(z^{-1})}$ | $\dfrac{D(z^{-1})}{C(z^{-1})}$ | —— | |
| | Korrelation und kleinste Quadrate | $\dfrac{B(z^{-1})}{A(z^{-1})}$ | $\dfrac{D(z^{-1})}{C(z^{-1})}$ | —— | |

Damit eine biasfreie Parameterschätzung möglich wird, muß $G_v(z)$ bei
der *Methode der kleinsten Quadrate* durch $1/A(z^{-1})$ darzustellen sein.
Das Störfilter muß also aus dem Nennerpolynom des zu identifizierenden
Prozesses bestehen. Da dies fast nie der Fall ist, ergeben sich mit
dieser Methode im allgemeinen biasbehaftete Parameterschätzwerte.
Dasselbe gilt für die Methode der *stochastischen Approximation*.

Bei der *Methode der verallgemeinerten kleinsten Quadrate* muß das Störfilter durch $1/A(z^{-1})F(z^{-1})$ zu beschreiben sein. Im allgemeinen ist
auch dies nicht der Fall, sodaß diese Methode oft Bias liefert. Durch
entsprechende Wahl der Ordnung $\nu$ von $F(z^{-1})$ läßt sich die Größe der
Bias im Vergleich zur einfachen Methode der kleinsten Quadrate verkleinern.

Bei der *Maximum-Likelihood-Methode* wird das Modell

$$y(z) = \frac{B(z^{-1})}{A(z^{-1})}\, u(z) + \frac{D(z^{-1})}{A(z^{-1})}\, v(z) \qquad\qquad (14.1\text{-}5)$$

verwendet, also ein Modell mit gleichem Nennerpolynom für Prozeß und
Störsignalfilter. Diese Modellstruktur erhält man auch, wenn man bei
der Parameterschätzung vom Zustandsraummodell

$$\underline{x}(k+1) = \underline{A}\,\underline{x}(k) + \underline{b}\,u(k) + \underline{\gamma}\,v(k)$$
$$y(k) = \underline{c}^T\underline{x}(k) \qquad\qquad (14.1\text{-}6)$$

ausgeht, also von einem Modell mit Störsignalen am Eingang, denn dann
gilt

$$y(z) = \frac{\underline{c}^T\,\mathrm{adj}[z\,\underline{I} - \underline{A}]}{\det[z\,\underline{I} - \underline{A}]^{-1}}\,[\underline{b}\,u(z) + \underline{\gamma}\,v(z)]. \qquad\qquad (14.1\text{-}7)$$

Dieses Modell enthält also außer dem gleichen Nennerpolynom $A(z^{-1})$
auch noch gemeinsame Faktoren im B- und D-Polynom, ist also noch spezieller als Gl.(14.1-5).

Das Modell des Störfilters $D(z^{-1})/A(z^{-1})$ ist zwar nicht ganz so spe-
ziell wie die Modelle bei der Methode der kleinsten Quadrate und verallgemeinerten kleinsten Quadrate, es kann das allgemeine Störsignalfilter $D(z^{-1})/C(z^{-1})$ jedoch lediglich mehr oder weniger gut approxi-
mieren.

Das allgemeine Störsignalfilter läßt sich in Gl.(14.1-5) aber eventuell durch eine Erweiterung des Grundmodells

$$y(z) = \frac{B(z^{-1})C(z^{-1})}{A(z^{-1})C(z^{-1})} \, u(z) + \frac{D(z^{-1})A(z^{-1})}{C(z^{-1})A(z^{-1})} \, v(z)$$

$$= \frac{B^{*}(z^{-1})}{A^{*}(z^{-1})} \, u(z) + \frac{D^{*}(z^{-1})}{A^{*}(z^{-1})} \, v(z). \qquad\qquad (14.1-8)$$

einbeziehen. Die Maximum-Likelihood-Methode wird hierbei zur Schätzung der Polynome $A^{*}$, $B^{*}$ und $D^{*}$ verwendet, die allerdings im Vergleich zum ursprünglichen Modell mit der Ordnung m nun die Ordnung m + p haben. Das erweiterte Modell nach Gl.(14.1-8) besitzt dann nicht nur zuviel Parameter, sondern Pole und Nullstellen, die sich theoretisch kürzen müssen. Es ist dann schwierig, die Parameter des ursprünglichen Modells $B(z^{-1})/A(z^{-1})$ herauszufinden. Deshalb kann die Erweiterung des Modells nach Gl.(14.1-8) nicht allgemein empfohlen werden.

Unabhängig von besonderen Annahmen über die Form des Störsignalfilters sind die beschriebene *Methode der Hilfsvariablen*, und die zweistufigen Methoden *Determinierte Testsignale und kleinste Quadrate* und *Korrelation und kleinste Quadrate*. Diese Methoden dürften deshalb besonders attraktiv für den allgemeinen Einsatz sein.

Zur Beurteilung der verschiedenen Annahmen über das Störsignalfilter muß man zwischen Prozessen mit konzentrierten und verteilten Parametern unterscheiden.

Bei Prozessen mit *konzentrierten Parametern* findet man häufig die Struktur

$$y(z) = \frac{B(z^{-1})}{A_1(z^{-1})A_2(z^{-1})} \, u(z) + \frac{D(z^{-1})}{C_1(z^{-1})A_2(z^{-1})} \, v(z) \qquad (14.1-9)$$

vor, wenn die Störgrößen am Eingang des Prozesses oder am Eingang von Teilübertragungsgliedern eingreifen. Dann kann ein Teil $A_2(z^{-1})$ beiden Nennerpolynomen gemeinsam sein. Nur falls die Ordnung von $A_1(z^{-1})$ und $C_1(z^{-1})$ klein ist im Vergleich zu $A_2(z^{-1})$ können zur näherungsweisen Beschreibung des Prozesses die Strukturen nach Gl.(14.1-5), (14.1-7) oder (14.1-8) in Betracht kommen.

Bei Prozessen mit *verteilten Parametern* darf man jedoch meist nicht annehmen, daß die Nenner von Prozeß und Störfilter dominierende gemeinsame Anteile besitzen. Die gewöhnlichen Differenzengleichungen bzw. z-Übertragungsfunktionen sind für diese Prozesse Approximationen, die für verschiedene Eingangssignale oft sehr unterschiedliche Struktur haben.

Bei zwei Methoden werden noch besondere A-Priori-Annahmen gemacht, die die allgmeine Anwendung einschränken. Die Methode der verallgemeinerten kleinsten Quadrate setzt die Kenntnis der Ordnung $\nu$ des Polynoms $F(z^{-1})$ und die Maximum-Likelihood-Methode ein normalverteiltes Fehlersignal e bzw. Störsignal n voraus.

Die Methode der stochastischen Approximation ist nur rekursiv anwendbar. Für alle anderen Methoden sind nichtrekursive und rekursive Algorithmen bekannt.

### Einfluß des Beharrungswertes $Y_{OO}$

Die einzelnen Parameterschätzmethoden unterscheiden sich auch bezüglich des Einflusses eines unbekannten Beharrungswertes der Ein- und Ausgangssignale. Wenn $E\{u(k)\} = O$, dann hat die Wahl des Beharrungswertes $Y_{OO}$ keinen Einfluß auf die Parameterschätzung bei der Methode der Hilfsvariablen und bei der Methode Korrelation und kleinste Quadrate. Bei den Methoden kleinste Quadrate, stochastische Approximation, Maximum-Likelihood und determinierte Testsignale und kleinste Quadrate muß $Y_{OO}$ jedoch zuvor identifiziert werden oder im Verfahren als unbekannter Parameter berücksichtigt werden, damit sich keine systematischen Fehler ergeben.

## 14.2 Gütevergleich

Zum Vergleich verschiedener Identifikations- und Parameterschätzverfahren wurden drei Testprozesse vorgeschlagen, Isermann (1973 a). Diese Testprozesse und die zugehörige Identifikationsaufgabe seien im folgenden wiedergegeben.

### Testprozesse

Prozeß I: Schwingender Prozeß zweiter Ordnung

$$G_1(z^{-1}) = \frac{B(z^{-1})}{A(z^{-1})} = \frac{b_1 z^{-1} + b_2 z^{-2}}{1 + a_1 z^{-1} + a_2 z^{-2}}$$

$$a_1 = -1.5; \quad a_2 = 0.7; \quad b_1 = 1.0; \quad b_2 = 0.5$$
Abtastzeit $T_O = 2s$

Prozeß II: Prozeß zweiter Ordnung mit nichtminimalem Phasenverhalten

$$G_2(z^{-1}) = \frac{B(z^{-1})}{A(z^{-1})} = \frac{b_1 z^{-1} + b_2 z^{-2}}{1 + a_1 z^{-1} + a_2 z^{-2}}$$

$$a_1 = -1.425; \quad a_2 = 0.496; \quad b_1 = -0.102; \quad b_2 = 0.173$$

Abtastzeit $T_0 = 2s$.

Prozeß III: Tiefpaß-Prozeß dritter Ordnung mit Totzeit

$$G_3(z^{-1}) = \frac{B(z^{-1})}{A(z^{-1})} = \frac{b_1 z^{-1} + b_2 z^{-2} + b_3 z^{-3}}{1 + a_1 z^{-1} + a_2 z^{-2} + a_3 z^{-3}} \, z^{-d}$$

$$a_1 = -1.500; \quad a_2 = 0.705; \quad a_3 = -0.100$$
$$b_1 = \phantom{-}0.065; \quad b_2 = 0.048; \quad b_3 = -0.006; \quad d = 1;$$

Abtastzeit $T_0 = 4s$.

Die Übergangsfunktionen dieser Prozesse sind in Bild 14.2 zu sehen.

Störsignalfilter: (für alle drei Prozesse)

$$G_V(z^{-1}) = \frac{D(z^{-1})}{C(z^{-1})} = \frac{d_1 z^{-1}}{1 + c_1 z^{-1} + c_2 z^{-2}}$$

a) Abtastzeit $T_0 = 2s$

$$c_1 = -1.027; \quad c_2 = 0.264; \quad d_1 = 0.0114\gamma$$

b) Abtastzeit $T_0 = 4s$

$$c_1 = -0.527; \quad c_2 = 0.0695; \quad d_1 = 0.0117\gamma.$$

Hierbei ist der Faktor $\gamma$ für $u_0 = 1$:

| Prozeß | I | II | III |
|---|---|---|---|
| $\eta = 0.1$ | $\gamma = 36.95$ | 4.93 | 7.41 |
| 0.2 | 73.90 | 9.86 | 14.82 |

Eingangssignale des Störfilters: diskretes normalverteiltes weißes Rauschen (0,1).

## Identifikationsaufgabe

Das dynamische Verhalten der Testprozesse ist zu identifizieren mit den A-priori-Annahmen:

· Struktur, Ordnung und Totzeit seien bekannt. Die Parameter $a_i$ und $b_i$ seien unbekannt.

· n(k) ist ein korreliertes stochastisches Signal mit Mittelwert Null.

Das Eingangssignal sei ein künstliches Signal und beschränkt, $-u_0/2 \leq u(k) \leq u_0/2$, wobei $u_0 = 1$. Es ist die Abhängigkeit der Fehler

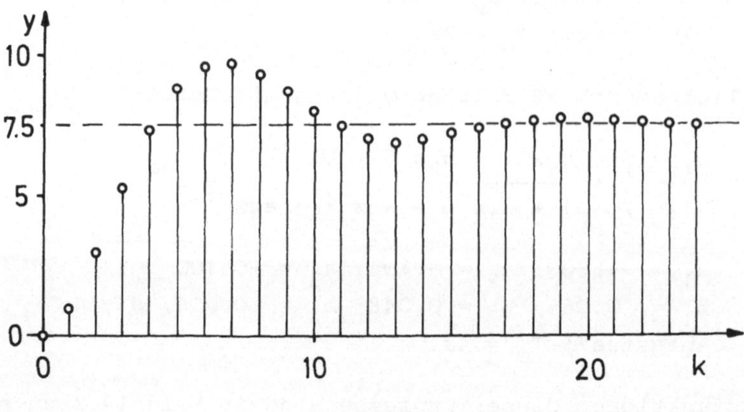

Prozeß I

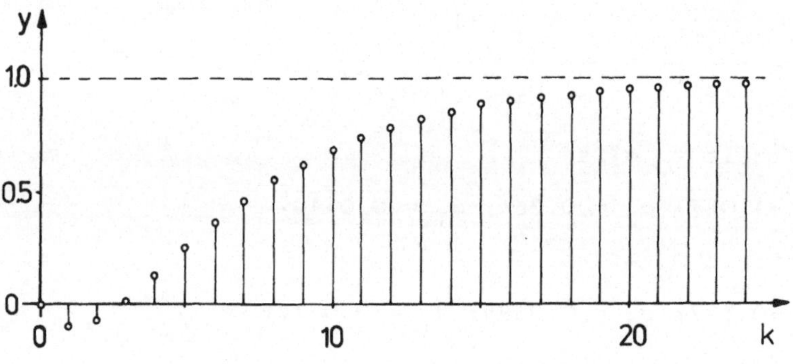

Prozeß II

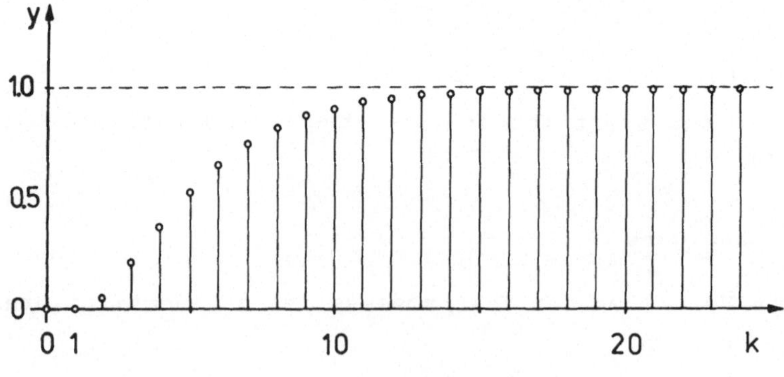

Prozeß III

Bild 14.2 Übergangsfunktionen der drei Testprozesse

der geschätzten Parameter und resultierenden Gewichtsfunktion von
der Meßzeit für $T_M$ = 350; 1400 und 3500 s für die Störsignal/Testsignal-Verhältnisse

$$\eta = \frac{n_{eff}}{Ku_0} = 0.1 \text{ und } 0.2$$

$$n_{eff} = \sqrt{\overline{n^2(k)}}, \text{ K Verstärkungsfaktor}$$

zu zeigen. Dabei sind folgende Fehlerdefinitionen zu verwenden:

- Einzelner Parameterfehler

$$\delta_{\Theta i} = \frac{\Delta\Theta_i}{\Theta_i} = \frac{\hat{\Theta}_i - \Theta_i}{\Theta_i}$$

- Mittlerer quadratischer Parameterfehler

$$\delta_\Sigma = \left[ \sum_{i=1}^{p} \left[ \frac{\Delta\Theta_i}{\Theta_i} \right]^2 \right]^{\frac{1}{2}}$$

    wobei   $\Theta_i$:   exakte Parameter, i = 1,2, ..., p

           $\hat{\Theta}_i$:   geschätzte Parameter

           p :   Anzahl der geschätzten Parameter

- Mittlerer quadratischer Fehler der Gewichtsfunktion

$$\delta_g = \left[ \overline{\Delta g^2(k)} \, / \, \overline{g^2(k)} \right]^{\frac{1}{2}} = \left[ \sum_{k=0}^{\ell} \Delta g^2(k) \, / \, \sum_{k=0}^{\ell} g^2(k) \right]^{\frac{1}{2}}$$

    wobei   $\Delta g(k) = \hat{g}(k) - g(k)$

           $g(k)$: exakte Gewichtsfunktion

           $\hat{g}(k)$: aufgrund der geschätzten Parameter berechnete
                    Gewichtsfunktion

- Fehler des Verstärkungsfaktors

$$\delta_K = \Delta K/K$$

    wobei  $\Delta K = \hat{K} - K.$

Damit die Ergebnisse etwas unabhängiger vom statistischen Einzelfall
werden, sollten jeweils mindestens 5 Identifikationsläufe durchgeführt
und Schätzwerte $\sigma_{\delta\Sigma}$, $\sigma_{\delta g}$ und $\sigma_{\delta K}$ von Streuungen der Fehler $\delta_\Sigma$, $\delta_g$ und
$\delta_K$ angegeben werden.

Beispiel:

$$\sigma_{\delta g} = \left[ \frac{1}{5} \sum_{\alpha=1}^{5} (\delta_g^2)_\alpha \right]^{\frac{1}{2}}.$$

## Ergebnisse für 6 rekursive Parameterschätzverfahren

Folgende rekursive Parameterschätzverfahren wurden zum Vergleich verwendet, Isermann u.a. (1973 b)

LS - Methode der kleinsten Quadrate, Gl.(4.3-12) bis (4.3-14)

GLS - Methode der verallgemeinerten kleinsten Quadrate, Gl.(6.2-1) bis (6.2-4)

IVA - Methode der Hilfsvariablen, Gl.(7.2-1) bis (7.2-5)

STA - Stochastische Approximation und kleinste Quadrate, Gl.(12-9), (12-10) mit Bild 5.1

COR - Korrelation und kleinste Quadrate, Gl.(13-3), (13-19)

3PI - Drei-Parameter-Identifikation mit Fourieranalyse, siehe Isermann u.a. (1973 b).

Als Eingangssignal wurde ein Pseudo-Rausch-Binär-Signal mit der Taktzeit $\lambda = T_O$ und Amplitude $a = u_O/2$ verwendet. Die Anfangswerte der Parameter waren $\underline{\theta}(O) = \underline{O}$.

Die Ergebnisse von mehr als 180 verschiedenen Identifikationsläufen sind in den Bildern 14.3, 14.4 und 14.5 dargestellt. Die ausführliche Diskussion der Ergbnisse sehe man in Isermann u.a. (1973 b) nach. Im folgenden werden nur die wichtigsten Resultate wiedergegeben.

## Gewichtsfunktionsfehler $\sigma_{\delta g}$

Im Gewichtsfunktionsfehler werden alle Parameterfehler so gewichtet, daß ein Fehler für das Ein/Ausgangsverhalten entsteht. COR und IVA ergaben die kleinsten Gewichtsfunktionsfehler bei allen Prozessen, mit Ausnahme von Prozeß III, bei dem 3PI noch etwas bessere Ergebnisse lieferte. Für die langen Identifikationszeiten lieferte STA Ergebnisse von etwa derselben Güte wie COR und IVA. Für kurze Meßzeiten waren die Fehler bei STA jedoch fast so groß oder sogar größer als für LS.

Die Streuung $\sigma_{\delta g}$ nimmt stetig mit etwa $1/\sqrt{T_M}$ oder mehr ab für COR, IVA und STA, aber nicht für LS und GLS. Diese beiden Methoden zeigten entweder nur sehr langsame oder keine Konvergenz und deuteten somit Bias an. Der Grund dafür ist, wie in Abschnitt 14.1 beschrieben, daß die vorausgesetzte Struktur des Störfilters bei den Testprozessen nicht zutrifft. Für kleinere Meßzeiten $T_M < 300$ s unterscheiden sich die meisten Parameterschätzverfahren nur wenig.

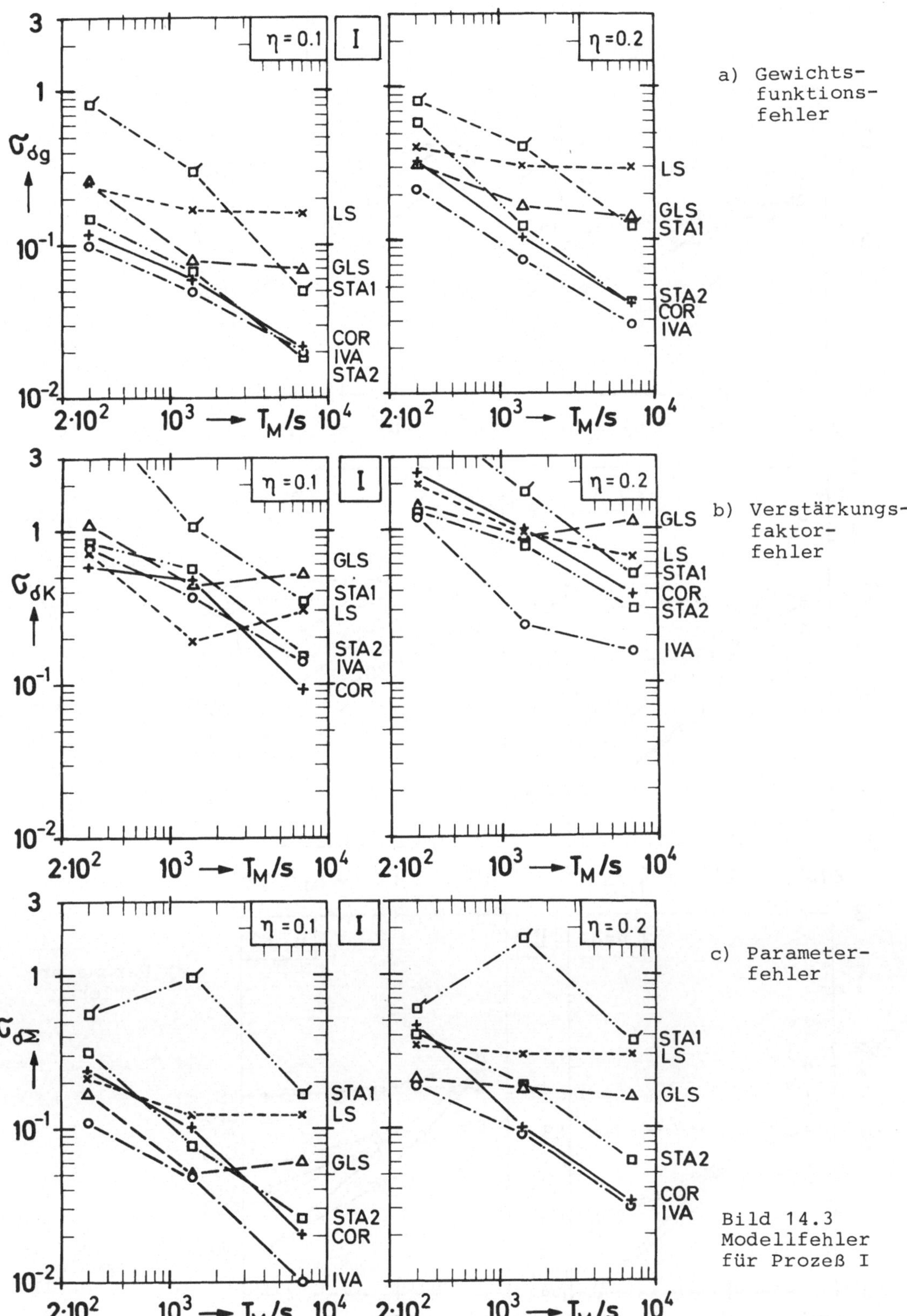



a) Gewichts-
   funktions-
   fehler

b) Verstärkungs-
   faktor-
   fehler

c) Parameter-
   fehler

Bild 14.3
Modellfehler
für Prozeß I

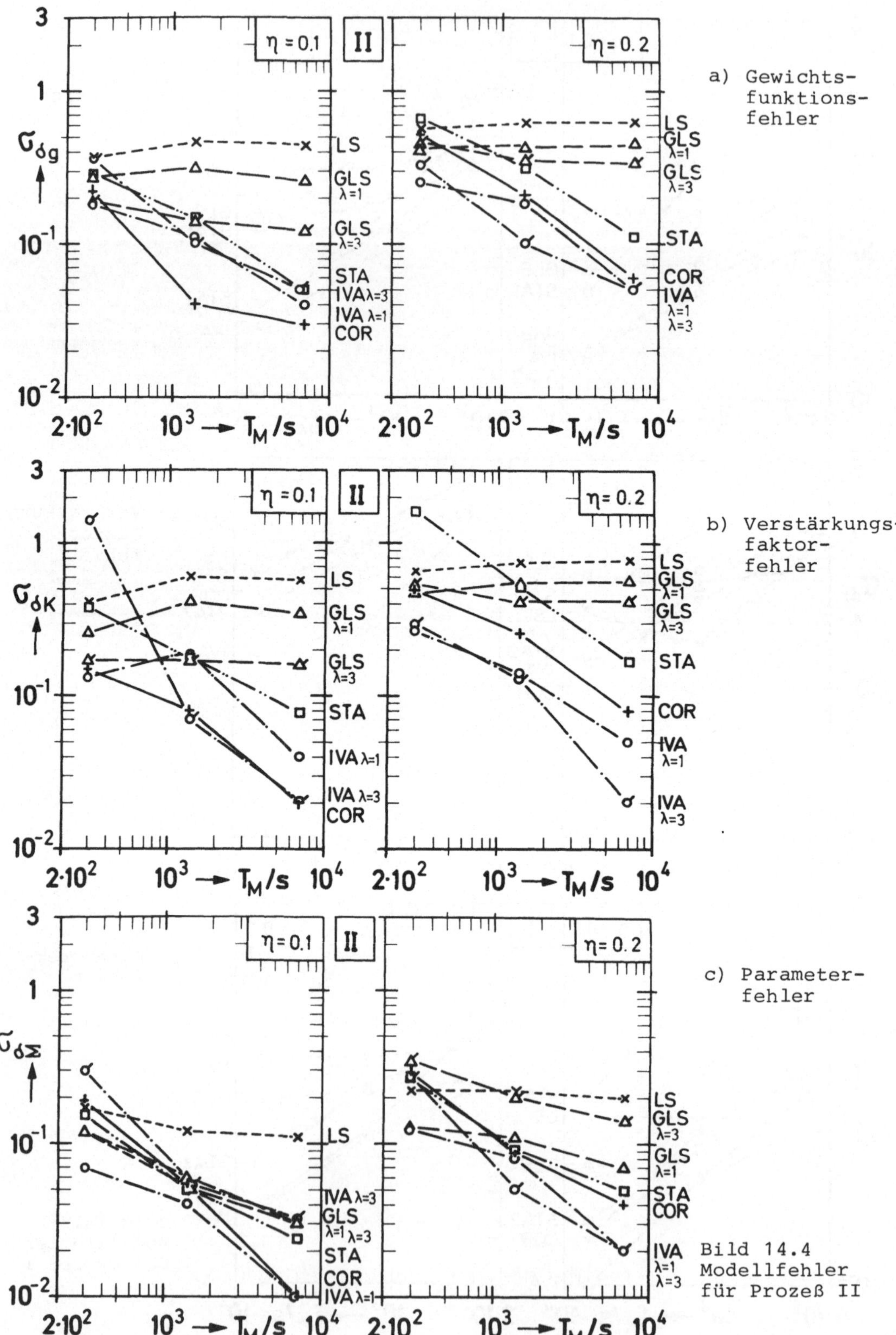
η = 0.1
II
η = 0.2
σ_δg
LS
GLS λ=1
GLS λ=3
STA
IVA λ=3
IVA λ=1
COR
LS
GLS λ=1
GLS λ=3
STA
COR
IVA λ=1 λ=3
2·10² 10³ T_M/s 10⁴
a) Gewichts-
funktions-
fehler

η = 0.1
II
η = 0.2
σ_δK
LS
GLS λ=1
GLS λ=3
STA
IVA λ=1
IVA λ=3
COR
LS
GLS λ=1
GLS λ=3
STA
COR
IVA λ=1
IVA λ=3
2·10² 10³ T_M/s 10⁴
b) Verstärkungs-
faktor-
fehler

η = 0.1
II
η = 0.2
σ_δΣ
LS
IVA λ=3
GLS λ=1 λ=3
STA
COR
IVA λ=1
LS
GLS λ=3
GLS λ=1
STA
COR
IVA λ=1 λ=3
2·10² 10³ T_M/s 10⁴
c) Parameter-
fehler

Bild 14.4
Modellfehler
für Prozeß II

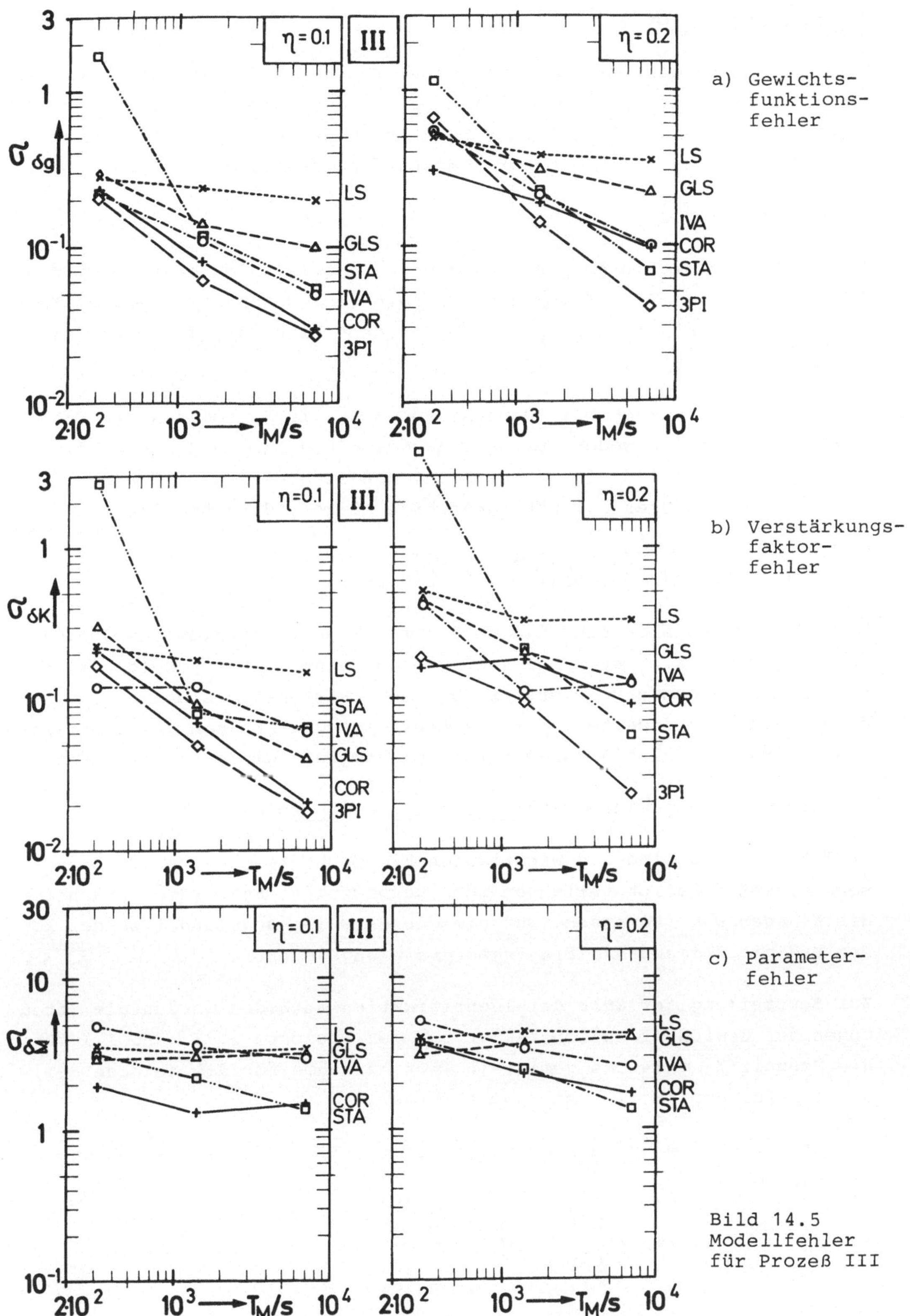



a) Gewichts-
funktions-
fehler

b) Verstärkungs-
faktor-
fehler

c) Parameter-
fehler

Bild 14.5
Modellfehler
für Prozeß III

<u>Verstärkungsfaktor</u> $\sigma_{\delta K}$

Auch im Fehler des Verstärkungsfaktors gehen alle Parameterfehler ein.
Die Verstärkungsfaktorfehler zeigen etwa dieselben Ergebnisse wie die
Gewichtsfunktionsfehler. Eine Vergrößerung der Taktzeit auf $\lambda = 2T_0$
und $3T_0$ des PRBS ergab genauere Verstärkungsfaktoren.

<u>Parameterfehler</u>. $\sigma_{\delta\Sigma}$

Die kleinsten mittleren quadratischen Parameterfehler ergeben sich
bei Prozeß I und II für IVA und COR. Die Fehler konvergieren zum Teil
sogar steiler als mit $1/\sqrt{T_M}$. Bei GLS treten Bias auf, die etwas kleiner als bei LS sind.

Für Prozeß III zeigen mit Ausnahme von 3PI alle Methoden große Parameterfehler und entweder nur sehr langsame oder keine Konvergenz.
Dies hängt vermutlich damit zusammen, daß sich ein Pol und eine Nullstelle des Prozesses III näherungsweise kürzen, denn es gilt

$$G_{III}(z^{-1}) = \frac{0.065(z+0.879)(z-0.140)}{(z-0.675)(z-0.560)(z-0.264)} \, z^{-1}.$$

Dadurch ergeben sich sehr flache Minima im mehrdimensionalen Parame-
terraum, sodaß sich auch bei sehr großen Identifikationszeiten eine
sehr langsame Konvergenz ergibt. Die Gewichtsfunktionsfehler sind jedoch klein, was bedeutet, daß das Ein/Ausgangsverhalten gut identifiziert wird, obwohl die Parameter in diesem Fall große Fehler haben.

<u>Bewertung der einzelnen Parameterschätzverfahren</u>

In Tabelle 14.2 sind die wichtigsten Eigenschaften der untersuchten
sechs Identifikationsverfahren zusammengestellt. Es werden zunächst
die *Klassen von Prozessen*, auf die die Methoden angewendet werden können und die *Klassen der Eingangssignale* angegeben.

Zur Beurteilung der *Güte* der Identifikationsmethoden wurden die Streuungen der Gewichtsfunktionsfehler $\sigma_{\delta g}$ der Prozesse I, II und III für
die Meßzeit $T_M = 1400$ s gemittelt (mit Ausnahme für die Methode 3PI,
die nur für Prozeß III untersucht wurde).

Es ist ferner die für die Prozesse II und III gemittelte Streuung
$\sigma_{\delta y}$ der Fehler $\delta_y$

$$\delta_y = \left[ \sum_{k=0}^{M} \Delta y^2(k) \Bigg/ \sum_{k=0}^{M} y^2(k) \right]$$

für die Ausgangsgröße y(k) des mit einem 3-Term-Regler geschlossenen
Regelkreises angegeben. Der Fehler $\Delta y(k)$ ist dabei der Fehler in der
Regelgröße, der sich ergibt, wenn man das identifizierte Prozeßmodell
zur Parameteroptimierung des Reglers verwendet, den Regler dann aber
mit dem exakten Modell (dem eigentlichen Prozeß) betreibt.

Zum Vergleich der *Rechenzeit* pro Identifikationslauf wurde die Rechenzeit einer CDC 6600 für 1000 Paare von Ein- und Ausgangssignalen verwendet und für COR gleich 100% gesetzt, d.h. 1.7 s für Prozeß I und
II und 1.95 s für Prozeß III.

Als *Zuverlässigkeit der Konvergenz* wurde der Prozentsatz der erfolg-
reichen Identifikationsläufe von insgesamt etwa je 30 Läufen angegeben,
da IVA, STA, GLS und LS in Abhängigkeit von der Wahl der Startmatrizen
auch nicht konvergierende Schätzwerte ergeben oder gar Instabilität
aufweisen können.

Es werden ferner alle *A-priori-Faktoren* aufgezählt, die vor dem Start
der rekursiven Methoden angenommen werden müssen.

Für Prozeß III führte 3 PI zur besten Güte, zu besonders kleiner Rechenzeit und zu 100% Zuverlässigkeit. Diese Methode ist jedoch auf lineare
Prozesse mit 3 unbekannten  Parametern beschränkt und erfordert ein
spezielles Eingangssignal.

Für allgemeine lineare Prozesse zeigt COR einige Vorteile im Vergleich
zu IVA, STA, GLS und LS: hohe Güte, kleine Rechenzeit, 100% Zuverlässigkeit, nur ein A-priori-Faktor $\ell$. Zur Rechenzeit sei allerdings be-
merkt, daß die Parameter nur am Ende einer Periode des PRBS (N = 63)
berechnet wurden.

IVA zeigt ebenfalls eine hohe Güte, fast gleich wie COR. Die Rechenzeit ist größer und die Zuverlässigkeit war am schlechtesten von allen
Methoden. Eine Startmatrix und ein Filterfaktor müssen a priori bekannt sein.

Bei STA ist die Güte nur für große Meßzeiten hoch. Die Rechenzeit ist
klein, die Zuverlässigkeit jedoch nicht so gut und 5 Faktoren müssen
a priori angenommen werden.

GLS ergab eine schlechte Güte, die allerdings besser war als die von
LS. Eine große Rechenzeit ist ein weiterer Nachteil. Die Zuverlässigkeit war jedoch besser als bei IVA und STA. Zwei Startmatrizen und
die Filterordnung $\nu$ müssen a priori angenommen werden.

Tabelle 14.2 Vergleich von sechs on-line Identifikationsmethoden

|  | PROZESSE | EINGANGS-SIGNAL | GÜTE | | | | RECHENZEIT PRO LAUF | | ZUVERLÄS-SIGKEIT | | A PRIORI FAKTOREN |
|---|---|---|---|---|---|---|---|---|---|---|---|
|  |  |  | $\overline{\sigma}_{\delta g}$ | | $\overline{\sigma}_{\delta y}$ | | PROZESS I+II | III | % | |  |
| $\eta$ |  |  | 0.1 | 0.2 | 0.1 | 0.2 | – | – | 0.1 | 0.2 |  |
| COR | linear in den Parametern | beliebig | 0.08 | 0.17 | 0.11 | 0.25 | 100% | 100% | 100 | 100 | $\ell$ |
| IVA | linear in den Parametern | beliebig | 0.09 | 0.16 | 0.13 | 0.21 | 153 | 236 | 90 | 80 | $\underline{P}(O)\,;\gamma$ |
| STA | linear | weißes Rauschen | 0.10 | 0.22 | 0.13 | 0.25 | 106 | 108 | 90 | 85 | $\zeta_1;\zeta_2;a;\;b;\ell$ |
| GLS | linear in den Parametern | beliebig | 0.18 | 0.31 | 0.31 | 0.72 | 194 | 287 | 95 | 90 | $\dfrac{\underline{P}(O)}{\nu};\underline{Q}(O)$ |
| LS | linear in den Parametern | beliebig | 0.29 | 0.44 | – | – | 145 | 230 | 100 | 100 | $\underline{P}(O)$ |
| 3PI | linear | Folge von Rechteck-impulsen | 0.06 | 0.14 | 0.07 | 0.16 | – | $\approx 5$ | 100 | 100 | $\omega_\nu$ |

Die schlechteste Güte lieferte LS. Für kleine Meßzeiten sind die Fehler jedoch von derselben Größenordnung wie bei den anderen Methoden.
Die Rechenzeit ist etwa dieselbe wie bei IVA. Die Zuverlässigkeit war
sehr gut. Eine Startmatrix muß a priori angenommen werden.

Es zeigte sich ferner für alle untersuchten Parameterschätzverfahren,
daß näherungsweise eine lineare Abhängigkeit zwischen dem Fehler $\sigma_{\delta y}$
im geschlossenen Regelkreis und dem Gewichtsfunktionsfehler $\sigma_{\delta g}$ besteht für $\sigma_{\delta g} \leq 0.2$. Dies trifft nicht nur für den untersuchten 3-
Term-Regler zu, sondern auch für andere lineare Regelalgorithmen.
Zwischen dem Parameterfehler $\sigma_{\delta \Sigma}$ und $\sigma_{\delta y}$ ergab sich kein eindeutiger
Zusammenhang.

Hieraus folgt, daß der Gewichtsfunktionsfehler maßgebend ist, und
nicht die Parameterfehler, wenn das identifizierte Modell zur Synthese eines Regelalgorithmus verwendet wird.

Aus diesem Vergleich geht hervor, daß alle rekursiven Parameterschätzmethoden, die dieselbe A-priori-Information über den Prozeß verwenden und die theoretisch für die betrachteten Testprozesse konsistente
Schätzwerte liefern, also die Methoden COR, IVA, STA und 3PI, etwa
dieselbe Güte zeigen, obwohl die einzelnen Methoden sehr verschieden
sind. Deshalb kann vermutet werden, daß Identifikationsmethoden, die
dieselbe A-priori-Information über den Prozeß verwenden, etwa dieselbe
Güte (Genauigkeit des Modells) liefern, wenn die "Gesetze für eine
gute Identifikation" angewendet werden, vgl. Abschnitt 16.7.

Dieses Ergebnis wurde auch durch Beiträge anderer Autoren zur selben
Identifikationsaufgabe bestätigt, Isermann, Baur (1973 c). Dabei zeigte
es sich, daß die Ergebnisse der besten Verfahren (COR, IVA) nahe der
unteren Fehlergrenze nach Cramér-Rao liegen und daß die Ergebnisse
der nichtrekursiven Maximum-Likelihood-Methode für die Prozesse II
und III etwa gleiche Güte wie die betrachteten Methoden COR und IVA
haben.

# 15. Ermittlung der Modellordnung

Bei allen Identifikationsverfahren, die parametrische Modelle liefern,
also insbesondere bei den Parameterschätzverfahren, mußte stets die
Ordnung m und die Totzeit d des Modells

$$G(z^{-1}) = \frac{y(z)}{u(z)} = \frac{b_1 z^{-1} + \ldots + b_m z^{-m}}{1 + a_1 z^{-1} + \ldots + a_m z^{-m}} \, z^{-d} \qquad (15.1-1)$$

als im voraus bekannt angenommen werden. Da diese Werte oft a priori
nicht bekannt sind, müssen sie in Verbindung mit der Parameterschätzung bestimmt werden. Hierzu sind verschiedene Verfahren bekannt ge-
worden.

Åström (1968) betrachtete die aus dem Gleichungsfehler gebildete Verlustfunktion für verschiedene Ordnungszahlen und verwendete den statistischen F-Test, um festzustellen, ob die Verlustfunktion signifikant verkleinert wird. Diese Methode setzt jedoch Normalverteilung
des Gleichungsfehlers und eine große Anzahl von Gleichungsfehlern n(k)
voraus.

Für den ungestörten Prozeß verwendete Lee (1964) eine Matrix, deren
Elemente aus Summen von Produkten der zu einander zeitverschobenen
Ausgangssignalwerte besteht. Ist die Ordnung des Modells größer als
die richtige Ordnung dann wird die Matrix singulär. Woodside (1971)
erweiterte diese Methode auf den gestörten Prozeß, braucht dazu aber
die Kovarianzmatrix des Störsignals. Der Vorteil beider Methoden besteht darin, daß sie vor der eigentlichen Parameterschätzung angewendet werden können.

Wenn die Modellordnung zu groß gewählt wird, dann entstehen bei der
Parameterschätzung Pole und Nullstellen, die sich näherungsweise kürzen. Dies kann ebenfalls zur Ordnungsbestimmung verwendet werden.

Diese und andere Methoden wurden von van den Boom, van den Emden (1973)
und Unbehauen, Göhring (1973) für Prozesse zweiter Ordnung, bei denen

die Bestimmung der Ordnung allerdings einfach und meist ohne Entschei-
dungsschwierigkeit möglich ist, verglichen. Als Ergebnis wird empfohlen, mehrere Methoden parallel zu verwenden, was erkennen läßt, daß
keine der untersuchten Methoden in den untersuchten Fällen eindeutige
Ergebnisse liefert.

Im folgenden werden einige rechnerisch einfache Methoden zur Bestimmung der Ordnung m und Totzeit d kurz beschrieben, die sich auch bei
Prozessen höherer Ordnung bewährt haben, Isermann, Baur, Kurz (1974 a).
Um den Rechenaufwand zu verkleinern ist es zweckmäßig, zuerst die Totzeit d und dann die Ordnung m zu bestimmen.


## 15.1 Bestimmung der Totzeit


<u>Methode der Zählerparameter</u>

Wenn man die Modellparameter unter der Annahme einer Totzeit d = 0
schätzt, dann müssten die Parameter $b_1$, $b_2$, ..., $b_d$ = 0 werden, bzw.
sehr kleine Werte annehmen. Somit folgt aus

$$b_1, b_2, \ldots, b_\beta \ll \sum_{i=1}^{m} b_i \qquad\qquad (15.1-2)$$

daß $\hat{d}$ = β ein erster Schätzwert für die Totzeit ist. Dies sei an einem
Beispiel gezeigt.

Für den Prozeß

$$G(z^{-1}) = \frac{0.0180z^{-1} + 0.010z^{-2} - 0.006z^{-3}}{1 - 2.084z^{-1} + 1.422z^{-2} - 0.316z^{-3}} \, z^{-2},$$

mit $\sum b_i$ = 0.022, ergab sich für das Störsignal/Testsignalverhältnis
η = 0.1 nach einer Meßzeit N = 511 bei Annahme von d = 0 das Modell

$$G(z^{-1}) = \frac{0.0003z^{-1} + 0.0003z^{-2} + 0.0220z^{-3}}{1 - 2.113z^{-1} + 1.476z^{-2} - 0.348z^{-3}} \, .$$

Es ist also

$$\hat{b}_1/\sum b_i \text{ und } \hat{b}_2/\sum b_i = 0.0003/0.022 = 1/73,$$

sodaß nach Gl. (15.1-2) $\hat{d}$ = 2 folgt.

## Methode des Anfangsverlaufes

Wenn, wie bei den zweistufigen Identifikationsverfahren, ein nicht-parametrisches Modell in Form einer Übergangsfunktion oder Gewichtsfunktion als Zwischenergebnis vorliegt, dann läßt sich die Totzeit auch aus dem Anfangsverlauf dieser Funktionen ermitteln, siehe Isermann, Baur, Kurz (1974 a).

## 15.2 Bestimmung der Ordnung

Die Bestimmung der Modellordnung m erfolgt am zweckmäßigsten unter Verwendung des ersten Schätzwertes $\hat{d}_1$ der Totzeit nach Abschnitt 15.1. Hierzu seien zwei relativ einfach auszuführende und zuverlässige Ordnungs-Suchverfahren betrachtet.

## Methode der Verlustfunktion

Bei allen Parameterschätzverfahren wurde eine Verlustfunktion

$$V = \sum_{\nu=0}^{L} e^2(\nu) \tag{15.2-1}$$

minimisiert. Hierbei ist $e(\nu)$ ein Fehler,

Fehler = Neue Beobachtung - Vorhersage des Modells,

der bei den einstufigen Methoden der kleinsten Quadrate, stochastischen Approximation, Hilfsvariablen und Maximum Likelihood der Gleichungsfehler der Differenzengleichung des Prozesses, bei den zweistufigen Methoden nach Kapitel 11, 12 und 13, der Fehler der Antwortfunktionen oder der Fehler der Korrelationsfunktions-Differenzengleichung ist. Im Fall der einstufigen Methoden wurden $L = N$ Fehlersignalwerte, im Fall der zweistufigen Methoden $L \geq \ell$ Fehlersignalwerte verwendet. Da im allgemeinen $N \gg \ell$, ist die Anzahl der Fehlersignale und damit der Rechenaufwand im ersten Fall meist wesentlich größer.

Man betrachtet nun die Verlustfunktion V als Funktion der Modellordnung m. Bei den einstufigen nichtrekursiven Parameterschätzverfahren bildet man hierzu für verschiedene m = 1, 2, 3, ... das Fehlersignal aus

$$e(m,k) = y(k) - \underline{\psi}^T(k)\,\hat{\underline{\Theta}}(m,N) \tag{15.2-2}$$

vgl. Gl.(4.2-13), wobei $\hat{\theta}$ der nach der Gesamtmeßzeit N geschätzte Parametervektor ist. Für die entsprechenden rekursiven Verfahren wird zweckmäßigerweise

$$e(m,k) = y(k) - \underline{\psi}^T(k)\,\hat{\underline{\theta}}(m,k-1) \qquad (15.2-3)$$

verwendet, siehe z.B. Gl.(4.3-12), da dieses Fehlersignal sowieso schon im Schätzalgorithmus vorkommt.

Bei den zweistufigen Parameterschätzverfahren bildet man z.B.

$$e(m,\tau) = \hat{\Phi}_{uy}(\tau) - \Phi_{uy}(\tau,m) \qquad (15.2-4)$$

wobei $\hat{\Phi}_{uy}(\tau)$ der identifizierte Wert des nichtparametrischen Modells und $\Phi_{uy}(\tau,m)$ der nach der Parameterschätzung mit der Ordnung m berechnete Wert ist.

Aufgrund des Verlaufs V(m) wird nun derjenige Schätzwert $\hat{m}$ ermittelt, für den bei ansteigendem $\hat{m}$ = 1, 2, 3, ... zum erstenmal

$$\Delta V(\hat{m}+1) \ll \Delta V(\hat{m}) \qquad (15.2-5)$$

ist, wobei

$$\Delta V(\hat{m}+1) = V(\hat{m}) - V(\hat{m}+1)$$
$$\Delta V(\hat{m}) = V(\hat{m}-1) - V(\hat{m}), \qquad (15.2-6)$$

wenn also V(m) bei Erhöhung der Ordnung m keine signifikante Verbesserung mehr erfährt. Man könnte zur Feststellung, ob die Verbesserung signifikant ist oder nicht, auch ein statistisches Testverfahren verwenden. Dieser Aufwand lohnt sich im allgemeinen nicht, da die dann zugrunde zu legenden Voraussetzungen wie z.B. Normalverteilung und große Anzahl von Fehlersignalen oft nicht zutreffen, und da letztlich doch der Mensch entscheiden sollte. Hierzu reicht es meist völlig aus, wenn man V(m) betrachtet und dabei

$$\Delta V(\hat{m}+1) \,/\, \Delta V(\hat{m}) < \gamma \qquad (15.2-7)$$

bildet und berücksichtigt, daß $\gamma$ um so kleiner sein muß, je genauer das Modell werden soll und je größer der Umfang des Modells sein darf.

Zwei Beispiele sollen die Schätzung der Ordnung und auch der Totzeit mit dieser Methode erläutern. Als Identifikationsverfahren wurde das COR-Verfahren (Korrelationsanalyse mit Parameterschätzung) verwendet. Eingangssignal war ein PRBS.

Bild 15.1 zeigt für den Prozeß mit nichtminimalem Phasenverhalten

$$G_2(z^{-1}) = \frac{-0.102z^{-1} + 0.173z^{-2}}{1 - 1.425z^{-1} + 0.496z^{-2}} = \frac{0.102(1.696-z)}{(z-0.605)(z-0.820)}$$

die Verlustfunktion mit dem Fehlersignal nach Gl.(15.2-4) für N = 511, $\eta$ = 0.1. Nach der Methode des Anfangverlaufes wurde $\hat{d}$ = 0 geschätzt.

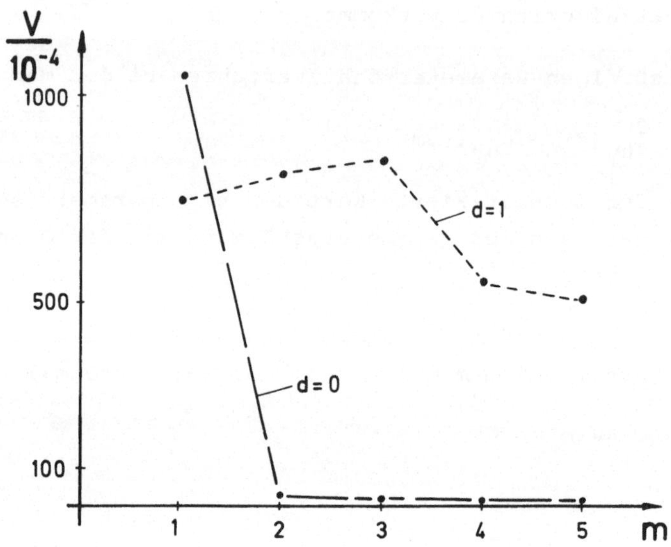


Bild 15.1 Verlauf der Verlustfunktion für einen Prozeß 2. Ordnung
mit nichtminimalem Phasenverhalten. $\eta$ = 0.1, N = 511

Kleinste Werte für V(m) ergeben sich ebenfalls für $\hat{d}$ = 0. Da sich V für m > 2 nicht mehr signifikant verbessert, ist $\hat{m}$ = 2 die geschätzte Ordnung. Beide Werte stimmen mit dem exakten Prozeß überein.

Es werde nun ein Prozeß betrachtet, dessen richtige Ordnung schwieriger zu bestimmen ist.

$$G_3(z^{-1}) = \frac{0.065z^{-1} + 0.048z^{-2} - 0.008z^{-3}}{1 - 1.5z^{-1} + 0.705z^{-2} - 0.1z^{-3}} \, z^{-1}$$

$$= \frac{0.065(z+0.879)}{(z-0.675)(z-0.560)} \cdot \frac{(z-0.140)}{(z-0.264)} \, z^{-1}.$$

Werte der Verlustfunktion sind in Tabelle 15.1 a) zu sehen. Für $\eta$ = 0, also fehlendes Störsignal, erhält man V(m,d) = 0 und damit vollständige Übereinstimmung von Prozeß und Modell für m = 3 und d = 1, also für die richtigen Werte. Ferner ist V(m,d) = 0 auch für m $\geq$ 3, d = 1

Tabelle 15.1 Werte der Verlustfunktion für ein Beispiel

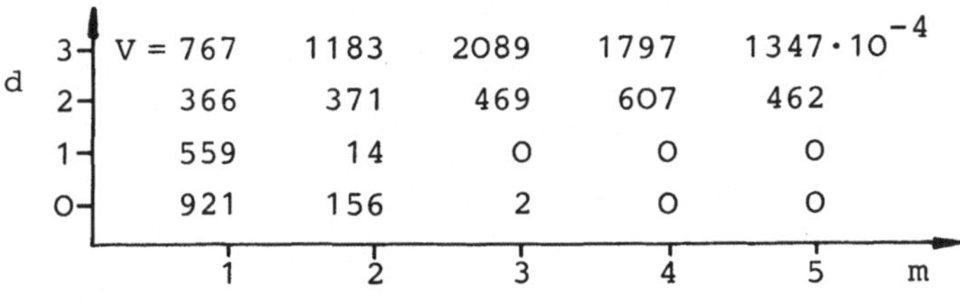

a) $\eta = 0$; $N = 63$

b) $\eta = 0.1$; $N = 368$

und $m \geq 4$, $d = 0$, da in diesen Modellen stets $G_3(z^{-1})$ enthalten ist.
Wendet man auf die Werte für $\eta = 0$ das Kriterium für signifikante Verbesserung, Gl.(15.2-6) bzw. (15.2-7) an, dann ergibt sich keine signifikante Verbesserung mehr bei $d = 1$ für $m > 2$ und bei $d = 0$ für $m > 3$,
sodaß auch $d = 1$, $m = 2$ und $d = 0$, $m = 3$ Ergebnisse der Ordnungssuche
sein könnten. Der Grund für $m = 2$, $d = 1$ ist, daß sich in $G_3(z^{-1})$ eine
Nullstelle und ein Pol nahezu kürzen. Da ferner $b_3 < b_2 \approx b_1$, ist auch
$m = 3$, $d = 0$ ein gutes Näherungsmodell und sogar besser als $m = 2$,
$d = 1$. Im gestörten Fall mit $\eta = 0.1$ wird, wie aus Tabelle 15.1 b)
hervorgeht, $\hat{m} = 3$, $\hat{d} = 0$ geschätzt.

Die Methode des Anfangsverlaufes lieferte aber $\hat{d} = 1$. In Bild 15.2 ist
deshalb $V(m)$ für $\hat{d} = 1$ für verschiedene Identifikationszeiten dargestellt. Bei allen drei Identifikationszeiten wird $\hat{m} = 2$ geschätzt.
Nur bei sehr großen Meßzeiten konnte man $\hat{m} = 3$ herausfinden, wie aus
den Werten $V(m)$ für $N \to \infty$ hervorgeht, die Tabelle 15.1 a) entnommen
wurden.

Dieses Beispiel zeigt also, daß es nicht immer möglich, aber auch nicht
immer notwendig ist, die genauen Werte der Ordnung und Totzeit herauszufinden.

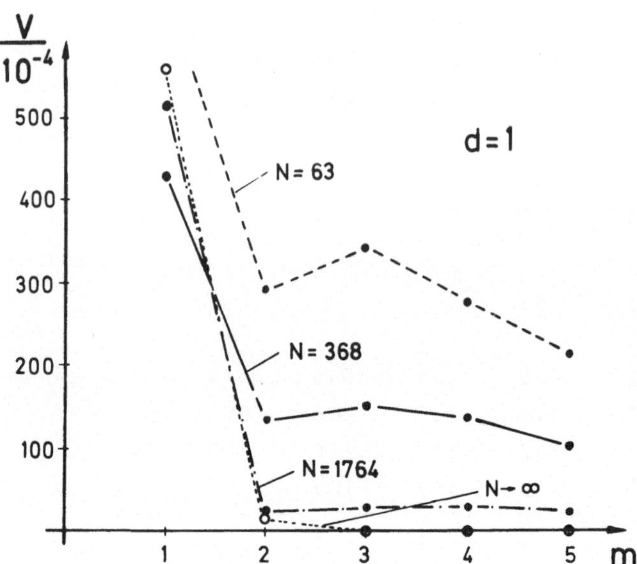


Bild 15.2 Verlauf der Verlustfunktion für einen Prozeß dritter
         Ordnung. d = 1, η = O.1

Es sei noch angemerkt, daß die Bildung der Verlustfunktionen für verschiedene m und d bei den einstufigen Parameterschätzverfahren für jeden Fall eine erneute Verarbeitung aller gemessenen N Datenpaare erfordert. Bei der zweistufigen Parameterschätzung kann jedoch in jedem
Fall vom nichtparametrischen Zwischenmodell ausgegangen werden, das
nur etwa 15-30 Datenpaare umfaßt. Deshalb ist der Rechenaufwand zur
Ordnungssuche bei den zweistufigen Parameterschätzverfahren um ein
Vielfaches kleiner. Dieser Vorteil kommt ganz besonders bei der On-
line-Identifikation zum Tragen, bei der die rekursive Schätzung mit
den einstufigen Schätzverfahren für alle in Frage kommenden m und d
zugleich, also parallel, durchgeführt werden muß, wenn die Daten nicht,
wie bei der nichtrekursiven Form, gespeichert werden.

Pol-Nullstellen-Verteilung

Wird für das Modell eine höhere Ordnung $m_M$ gewählt als die Prozeßordnung $m_P$, dann entstehen im identifizierten Modell zusätzlich $(m_M-m_P)$
Pol-Nullstellen-Paare, die sich ungefähr kompensieren. Dieser Effekt
läßt sich ebenfalls zur Schätzung der Ordnung m verwenden. Man muß
dann allerdings die Wurzeln des Zähler- und Nennerpolynoms berechnen.

Die Berechnung der Pol-Nullstellen-Verteilung sei für nicht eindeutige Fälle als Ergänzung der Methode der Verlustfunktion empfohlen.

# 16. Verschiedene Probleme

## 16.1 Wahl des Eingangssignals

Aus Messungen von Ein- und Ausgangssignalen kann grundsätzlich nur
der *steuerbare* und *beobachtbare* Teil eines Prozesses identifiziert
werden. Deshalb sind auch nur diejenigen Parameter *identifizierbar*,
die dem steuerbaren und beobachtbaren Teil des Prozesses angehören.
Damit die identifizierbaren Parameter konsistent geschätzt werden können, müssen sie durch das Eingangssignal genügend und fortdauernd "angeregt" werden. Das bedeutet, daß das Frequenzspektrum des Eingangssignals im Bereich der identifizierbaren Eigenwerte des Prozesses genügend große Werte besitzen muß.

Aus Konsistenzbetrachtungen für die Methode der kleinsten Quadrate und
für die Maximum-Likelihood-Methode haben Åström, Bohlin (1966) Bedingungen einer "persistent excitation" erhalten. Für einen Prozeß m-ter
Ordnung wird angegeben, daß der Mittelwert $\overline{u(k)}$ des Eingangssignales
und die Kovarianzfunktionen $R_{uu}(\tau)$ für $\tau = 1,2,\dots m$ existieren müssen,
und die Matrix

$$\underline{A}_m = [a_{ij} = R_{uu}(i-j)] \quad i,j = 1,\dots,m$$

positiv definit sein muß, siehe auch Åström, Eykhoff (1971). Falls die
Spektraldichte eines stationären, stochastischen Signales nicht für
irgendeine Kreisfrequenz $\omega$ verschwindet, sind die Bedingungen für be-
liebiges m erfüllt.

Als Eingangssignale können grundsätzlich *natürliche*, im Betrieb auftretende Signale oder *künstlich* eingeführte Signale (Testsignale) verwendet werden.

Die natürlichen Signale sind jedoch nur dann geeignet, falls sie den
zu identifizierenden Prozeß im Bereich seiner Eigenwerte genügend anregen, stationär sind und nicht mit anderen, auf den Prozeß einwirkenden Störsignalen korreliert sind. Dies ist jedoch selten der Fall. Man

sollte daher, wo es möglich ist, stets künstliche Signale verwenden, deren Eigenschaften exakt bekannt sind und die in bezug auf die Genauigkeit des Modells optimal gewählt werden können.

Die Form eines Testsignales wird in erster Linie durch die Stelleinrichtung (z.B. pneumatisches oder elektrisch angetriebenes Stellventil), und die Identifikationsmethode bestimmt. *Optimale Testsignale* sind dadurch definiert, daß sie eine gewünschte Modellgenauigkeit in einem Minimum an Meßzeit liefern. Zur Optimierung eines Testsignals müssen jedoch Modelle des Prozesses und Modelle der Störsignale im voraus bekannt sein, was selten der Fall ist. Außerdem spielt der Anwendungszweck des Modells und damit seine erforderliche Genauigkeit eine wesentliche Rolle. Wenn das Modell z.B. zur Synthese eines Regelsystems verwendet wird, dann sollte das Eingangssignal besonders die mittelgroßen Frequenzen anregen, sodaß Signale, die Rechteckformen enthalten, am besten geeignet sind.

<u>Bemerkung 16.1</u> Zur Auswahl günstiger Testsignale

Günstige Testsignale müssen die interessierenden Eigenwerte des Prozesses fortlaufend möglichst stark anregen. Hierbei ist zu beachten:

a) Die Höhe $u_O$ des Testsignals sollte stets so groß wie möglich sein. Dabei sind die Beschränkungen des Ein- und Ausgangssignals infolge Betriebsbedingungen oder Annahme eines linearen Bereiches zu beachten.

b) Je steiler die Flanken des Signales, desto stärker werden die höheren Frequenzen angeregt (Gibbs'sches Phänomen).

c) Je kleiner die Breite von impulsförmigen Signalanteilen, desto stärker werden mittlere und hohe Frequenzen angeregt. Je breiter die Impulsformen, desto mehr werden niedere Frequenzen angeregt.

Hieraus folgt, daß für die Korrelationsanalyse und für die Parameterschätzverfahren besonders Pseudo-Rausch-Binär-Signale, Abschnitt 3.3, für die Identifikation mit nichtperiodischen Testsignalen Rechteckimpulse und Sprungfunktionen und für die Identifikation mit periodischen Testsignalen Rechteckschwingungen und binäre Mehrfrequenzsignale geeignet sind, Isermann (1971a, 1972b).

Wenn bei Pseudo-Rausch-Binär-Signalen die hohen Frequenzen angeregt werden sollen, dann ist bei zeitdiskreten Signalen die Taktzeit $\lambda$

gleich der Abtastzeit $T_O$ zu wählen. Eine Vergrößerung auf $\lambda/T_O =$
2,3, ... vergrößert die Leistungsdichte im Bereich der niederen Frequenzen auf Kosten der höheren Frequenzen und erlaubt eine genauere
Schätzung des Verstärkungsfaktors.


## 16.2 Wahl der Abtastzeit

Die zur Identifikation verwendete Abtastzeit $T_O$ hängt in erster
Linie ab von

   a) Abtastzeit für die spätere Anwendung des Modells
   b) Genauigkeit des resultierenden Modells
   c) Numerischen Problemen, wenn $T_O$ zu klein ist.

Ein Beispiel soll zur Erläuterung der verschiedenen Gesichtspunkte
dienen. Es werde der Prozeß III von Abschnitt 14.2 betrachtet, dessen
kontinuierliche Übertragungsfunktion lautet

$$G(s) = \frac{(1+2s)}{(1+10s)(1+7s)(1+3s)} \, e^{-4s} .$$

Die Zeitkonstanten sind in Sekunden angegeben. Die zur Identifikation
verwendete Abtastzeit beträgt $T_O = 4$ sec.

a) Richtwerte für die spätere Anwendung des Modells zur Regelung:

- Für die Regelung mittels diskreter PID-Regelalgorithmen am besten
  geeignet:                     $T_O = 4 ... 8$ sec.
- Nach dem Shannon'schen Abtasttheorem für
  $|G(\omega_{max})| = 0.01 ... 0.1 \rightarrow T_O \leq \pi/\omega_{max} = 2.5 ... 8.5$ sec.
- Nach Gustavsson (1973):      $T_O = T_{min} = 2 ... 3$ sec
  $$T_O = \frac{1}{10} T_{max} = 1 \text{ sec.}$$

b) Genauigkeit des resultierenden Modells:

Es ergeben sich bei verschiedenen Abtastzeiten die in Tabelle 16.1 gezeigten Parameter der z-Übertragungsfunktion.

Hierbei ist der Verstärkungsfaktor

$$K = \frac{\Sigma b_i}{1 + \Sigma a_i} = 1 .$$

Für eine sehr kleine Abtastzeit, $T_O = 1$ sec, wird

   $b_i \ll a_i$ und $\Sigma b_i \ll a_i$ bzw. $1 + \Sigma a_i \ll a_i$ .

Tabelle 16.1 Parameter von Prozeß III für verschiedene $T_0$

| $T_0$[sec] | 1 | 4 | 8 | 16 |
|---|---|---|---|---|
| $a_1$ | -2.48824 | -1.49863 | -0.83771 | -0.30842 |
| $a_2$ | 2.05387 | 0.70409 | 0.19667 | 0.02200 |
| $a_3$ | -0.56203 | -0.09978 | -0.00995 | -0.00010 |
| $b_0$ | 0 | 0 | 0.06525 | 0.37590 |
| $b_1$ | 0.00462 | 0.06525 | 0.25598 | 0.32992 |
| $b_2$ | 0.00169 | 0.04793 | -0.02850 | 0.00767 |
| $b_3$ | -0.00273 | -0.00750 | -0.00074 | -0.00001 |
| $d$ | 4 | 1 | 1 | 1 |
| $\Sigma b_i$ | 0.00358 | 0.10568 | 0.34899 | 0.71348 |
| $1+\Sigma a_i$ | 0.00358 | 0.10568 | 0.34899 | 0.71348 |

Kleine Fehler in den Parametern wirken sich somit stark im Ein/Ausgangsverhalten der Modelle aus, da die Werte von $\Sigma b_i$ und $1 + \Sigma a_i$ wesentlich abhängig sind von den Zahlenwerten der Parameter in der 4. und 5. Stelle nach dem Dezimalpunkt. Es kommt hinzu, daß die zur Parameterschätzung verwendeten Gleichungen bei kleinen Abtastzeiten näherungsweise linear abhängig werden, vergleiche Abschnitt 4.5. Deshalb darf die Abtastzeit nicht zu klein gewählt werden.

Wenn die Abtastzeit andererseits zu groß gewählt wird, dann wird das dynamische Verhalten eventuell zu ungenau beschrieben. Dies äußert sich unter anderem darin, daß für $T_0 = 8$ sec die Parameter $a_3$ und $b_3$ wegen

$$a_3 \ll 1 + \Sigma a_i \quad \text{und} \quad b_3 \ll \Sigma b_i$$

und für $T_0 = 16$ sec wegen

$$a_2,\ a_3 \ll 1 + \Sigma a_i \quad \text{und} \quad b_2,\ b_3 \ll \Sigma b_i$$

vernachlässigbar klein werden. Für $T_0 = 8$ sec ergibt sich somit praktisch ein Modell zweiter Ordnung und für $T_0 = 16$ sec ein Modell erster Ordnung (mit Totzeit). Mit zunehmender Abtastzeit wird also die resultierende Modellordnung kleiner. (Bei dem betrachteten Beispiel ist allerdings zu beachten, daß die Totzeit mit $d = 1$ für $T_0 = 8$ und 16 sec zu groß ist und auch dadurch bedingt die resultierende Modellordnung abnehmen muß).

In bezug auf die Genauigkeit des resultierenden Modells ergibt sich somit der Bereich $T_O = 4 \ldots 8$ sec als geeignete Abtastzeit.

c) Numerische Probleme für zu kleine Abtastzeit $T_O$: siehe Bem. 4.5.1.

Bei diesem Beispiel ist also sowohl in bezug auf die spätere Anwendung des Modells zum Entwurf einer Regelung, als auch in bezug auf die Genauigkeit des resultierenden Modells einschließlich numerischer Probleme eine Abtastzeit im Bereich $T_O = 4 \ldots 8$ sec zu empfehlen. Hieraus folgen zumindest für Tiefpaß-Prozesse als Richtwerte zur Abschätzung der Abtastzeit:

1) Shannon'sches Abtasttheorem:

$$T_O = \pi/\omega_{max} \text{ mit } \omega_{max} \text{ so, daß } |G(\omega_{max})| = 0.02 \ldots 0.1$$

2) Bezug auf die Zeitkonstantensumme $T_\Sigma$:

$$T_O/T_\Sigma = 0.18 \ldots 0.36$$

wobei $T_\Sigma = (\Sigma T_\alpha)_{Nenner} - (\Sigma T_\beta)_{Z\ddot{a}hler} + (T_t)_{Totzeit}$

(Im Beispiel: $T_\Sigma = 22$ sec)

3) Bezug auf Einschwingzeit $T_{95}$:

$$T_O/T_{95} = 0.09 \ldots 0.18$$

wobei $T_{95}$ die Zeit ist, bei der die Übergangsfunktion 95% des Endwertes erreicht hat. (Im Beispiel: $T_{95} = 47$ sec).

Auch aus anderen Beispielen folgt, daß 5 bis 12 Abtastungen pro Einschwingzeit $T_{95}$ als zweckmäßig anzusehen sind. Bei der Auswahl der Abtastzeit sollten die eingangs genannten Punkte a), b) und c) in jedem Einzelfall geprüft werden.

## 16.3 Elimination niederfrequenter Störsignale (Drift)

Bei allen Identifikations- und Parameterschätzverfahren mußte vorausgesetzt werden, daß für das Störsignal $E\{n(k)\} = 0$ gilt, oder, falls der Beharrungswert $Y_{OO}$ des Ausgangssignals mitgeschätzt wurde, $E\{n(k)\}$ = const. Wie in Abschnitt 1.2 bereits erwähnt, treten jedoch häufig niederfrequente Störsignale im gemessenen Ausgangssignal $y(k)$ auf, die sich näherungsweise durch folgende Modelle beschreiben lassen.

a) Nichtlineare Drift q-ter Ordnung

$$d(k) = h_0 + h_1 k + h_2 k^2 + \ldots + h_q k^q .$$

b) Integrierender autoregressiv-summierender Prozeß

$$d(z) = \frac{F(z^{-1})}{E(z^{-1})(1-z^{-1})^p} \, w(z) \qquad p = 1, 2$$

w(k) ist ein stationäres, statistisch unabhängiges Signal.

c) Niederfrequente periodische Signale

$$d(k) = \sum_{\nu=0}^{\ell} \beta_\nu \sin[\omega_\nu T_0 k + \alpha_\nu] .$$

Diese niederfrequenten Störsignale können durch folgende Verfahren
aus dem gemessenen Ausgangssignal y(k) eliminiert werden.

## Nichtlineare Drift q-ter Ordnung

Man schätzt die Parameter $h_0$, $h_1$, $\ldots$, $h_q$ durch Anwenden der in Abschnitt 4.1 beschriebenen Methode der kleinsten Quadrate für "statische" Prozesse und bildet

$$\tilde{y}(k) = y(k) - d(k) .$$

Dies kann auch rekursiv durchgeführt werden.

## Integrierender autoregressiv-summierender Prozeß

Der nichtstationäre Anteil der Störsignale läßt sich dadurch eliminieren, daß man

$$\tilde{y}(z) = (1 - z^{-1})^p \, y(z)$$

bildet, das gemessene Signal y(k) also p-mal differenziert, Young
(1971). Hierbei wird allerdings auch der hochfrequente Störsignal-
anteil verstärkt, sodaß diese Methode nur dann empfohlen werden kann,
wenn der hochfrequente Störsignalpegel n(k) klein ist im Vergleich
zum Nutzsignal $y_u(k)$ .

## Niederfrequente periodische Störsignale

Zur Bestimmung der niederfrequenten periodischen Signalanteile dürfte
die Fourieranalyse geeignet sein. Falls die Kreisfrequenzen $\omega_\nu$ nicht
bekannt sind, werden sie durch die Berechnung von Amplitudenspektren

ermittelt. Dann werden $\beta_\nu$ und $\alpha_\nu$ ermittelt und

$$\tilde{y}(k) = y(k) - d(k)$$

gebildet. Man kann jedoch auch stückweise eine nichtlineare Drift
2. Ordnung annehmen und deren zeitvariante Parameter schätzen.

<u>Hochpaßfilterung</u>

Alle bisher beschriebenen Verfahren haben den großen Nachteil, daß sie
nur für ganz bestimmte Störsignale geeignet sind, deren Ordnung q, p
oder $\ell$ im voraus bekannt oder mit aufwendigen Prozeduren gesucht werden müssen. Wesentlich zweckmäßiger sind im allgemeinen Hochpaßfilter,
die die niederfrequenten Signalanteile ausfiltern, die hochfrequenten
Signalanteile jedoch unverändert passieren lassen. Hierzu eignet sich
das Hochpaßfilter erster Ordnung mit der kontinuierlichen Übertragungsfunktion

$$G_{HF}(s) = \frac{Ts}{1 + Ts} \, .$$

Für zeitdiskrete Signale gilt dann, wenn man vor diese s-Übertragungs-
funktion noch ein Halteglied nullter Ordnung anbringt, die z-Übertragungsfunktion

$$G_{HF}(z) = \frac{\tilde{y}(z)}{y(z)} = \frac{1-z^{-1}}{1-\alpha z^{-1}} \; ; \quad \alpha = e^{-\frac{T_0}{T}}$$

bzw. die Differenzengleichung

$$\tilde{y}(k) = \alpha \, \tilde{y}(k-1) + y(k) - y(k-1) \, .$$

Der Rechenaufwand für dieses Verfahren ist sehr klein, und die Filter-
gleichung liegt unmittelbar in der rekursiven Form vor. Ein Vergleich
verschiedener Verfahren zeigte, daß das Hochpaßfilter für verschiedene Formen niederfrequenter Störsignale gute Ergebnisse liefert, Baur
(1974).

Bei der Wahl des einzigen Parameters, der Filterzeitkonstante T, muß
man davon ausgehen, daß nicht wesentliche niederfrequente Anteile des
Nutzsignals ausgefiltert werden. Deshalb hängt die Wahl von T einerseits vom Testsignal, andererseits vom Spektrum des niederfrequenten
Störsignals ab. Wenn ein PRBS mit der Taktzeit $\lambda$ und der Periodendauer
N als Eingangssignal verwendet wird, dessen niedrigste Frequenz $\omega_0$
= $2\pi/N\lambda$ ist, siehe Gl.(3.3-5), dann sollte die Eckfrequenz des Filters

$$\omega_{HF} < \omega_O \text{ sein, also}$$

$$T > N\lambda/2\pi$$

falls die vom Testsignal angeregt Dynamik des Prozesses für $\omega > \omega_O$
interessiert.

## 16.4 Identifikation von zeitvarianten Prozessen

Prozesse mit langsam sich änderenden Parametern können mit den in diesem Band beschriebenen Methoden identifiziert werden, wenn man die gemessenen Daten so bewichtet, daß die momentanen Daten mit großem Gewicht und die vergangenen Daten mit umso kleinerem Gewicht in das identifizierte Modell eingehen, je weiter sie zurückliegen.

Hierauf war bereits bei der Methode der gewichteten kleinsten Quadrate
in Abschnitt 4.4 eingegangen worden. Gl.(4.4-4) zeigte als Beispiel
eine exponentielle Gewichtung der vergangenen Daten. Besonders geeignet
zur Identifikation zeitvarianter Prozesse sind rekursive Algorithmen.
Gl.(4.4-10) bis (4.4-12) zeigten die Gleichungen für die rekursive Methode der gewichteten kleinsten Quadrate, in denen nur im Korrekturfaktor ein Gewichtsfaktor einzuführen ist. Entsprechend lassen sich die
verwandten Methoden der verallgemeinerten kleinsten Quadrate, der stochastischen Approximation und der Hilfsvariablen modifizieren.

Eine exponentielle Gewichtung der vergangenen Daten kann auch als ein
"nachlassendes Gedächtnis", betrachtet werden. Zur Identifikation
zeitvarianter Prozesse eignen sich auch Verfahren mit "begrenztem Gedächtnis", bei denen jeweils nur eine bestimmte Anzahl letzter Daten
mit gleichem Gewicht eingehen, entsprechend einem Kurzzeitmittelwert.

Die erforderliche Mitteilungszeit ist von Störsignal/Nutzsignal-Ver-
hältnis $\eta$ abhängig. Je kleiner $\eta$, desto größer darf die Änderungsge-
schwindigkeit der zeitvarianten Parameter sein, wenn eine bestimmte
Modellgenauigkeit zu erreichen ist.

## 16.5 Überprüfung des Modells (Verifikation)

Nachdem der Prozeß identifiziert bzw. seine Parameter geschätzt wurden, muß das erhaltene Modell auf seine Übereinstimmung mit dem Prozeß geprüft werden. Diese Überprüfung hängt vom gewählten Identifi-

kationsverfahren und der Art der Auswertung (nichtrekursiv, rekursiv)
ab. Dabei sollte man stets prüfen:

a) A-priori-Annahmen des Identifikationsverfahrens
b) Übereinstimmung des Ein-Ausgangs-Verhalten des identifizierten
   Modells mit dem gemessenen Ein-Ausgangs-Verhalten.

Die *Überprüfung der A-priori-Annahmen* kann z.B. wie folgt durchgeführt werden:

· Nichtparametrische Identifikationsverfahren

Linearität: Vergleich der für verschiedene Eingangsamplituden identifizierten Modelle. Vergleich von Übergangsfunktionen für verschieden hohe Sprungfunktionen in beiden Richtungen.

Zeitinvarianz: Vergleich von Modellen aus verschiedenen Datenab-
schnitten.

Störsignal: Ist es statistisch unabhängig vom Eingangssignal und
stationär: $\Phi_{un}(\tau) = 0$ ?   $E\{n(k)\} = 0$ ?

Drift: Beobachtung des Kurzzeitmittelwertes des Ausgangssignals in
Abhängigkeit von der Zeit. Vergleich der Ergebnisse mit und ohne
Driftelimination.

Unerlaubte Störsignale (Ausreißer, Mittelwertverschiebungen usw.)
Überprüfung der gemessenen Signale.

Eingangssignal: Ist es fehlerfrei meßbar? Regt es den Prozeß dauernd
an?

Beharrungswerte: Sind die Beharrungswerte von Ein- und Ausgangssignal
exakt bekannt?

· Parametrische Identifikationsverfahren

Zusätzlich zur Überprüfung der bereits angegebenen Punkte sollte man
bei den einzelnen Parameterschätzverfahren alle anderen A-priori-
Annahmen prüfen. Diese hängen von den einzelnen Parameterschätzverfahren ab. Beispiele sind:

Fehlersignal: Ist es statistisch unabhängig: $\Phi_{ee}(\tau) = 0$ für $|\tau| \neq 0$?
Ist es statistisch unabhängig vom Eingangssignal: $\Phi_{ue}(\tau) = 0$?
$E\{e(k)\} = 0$?

Kovarianzmatrix der Parameterfehler: Nehmen die Varianzen der Parameterfehler mit zunehmender Meßzeit ab? Sind sie klein genug?

Es sei noch einmal daran erinnert, daß die geschätzten Parameter große
Fehler enthalten können und daß sich trotzdem kleine Fehler im Ein-Ausgangs-Verhalten ergeben können, siehe Abschnitt 14.2.

Da sämtliche Identifikationsverfahren, die nur gemessene Ein- und Ausgangssignale verwenden, auch nur das Ein-Ausgangs-Verhalten identifizieren, läßt die *Überprüfung mit dem wirklichen Ein-Ausgangs-Verhalten*
des Prozesses letzlich eine Gesamtbeurteilung zu. Diese kann wie folgt
durchgeführt werden:

- Vergleich von gemessenem und berechnetem Ausgangssignal. Das berechnete Ausgangssignal wird dabei mit dem identifizierten Modell und
  dem Prozeß-Eingangssignal bestimmt.

- Vergleich von gemessenen und berechneten Übergangsfunktionen, Gewichtsfunktionen oder Kreuzkorrelationsfunktionen.

Wenn die Ordnung des Modells durch Vergleich von Fehlermaßen zwischen
Prozeß und Modell bestimmt wurde, dann liefert diese Prozedur bereits
Angaben über die Güte der Übereinstimmung.


## 16.6 On-line Identifikation mit Prozeßrechnern

Zur On-line Identifikation mit Prozeßrechnern werden rekursive Identifikationsverfahren bevorzugt, da man das entstehende Prozeßmodell
in Abhängigkeit von der Zeit beobachten und möglichst wenig Speicherplatz belegen möchte. Hierzu eignen sich besonders Verfahren die wenig A-priori-Faktoren zum Start voraussetzen, zuverlässig konvergieren,
Ergebnisse hoher Güte liefern, kurze Rechenzeiten und wenig Speicherplatz erfordern und in weiten Grenzen beliebige Eingangssignale und
Störsignale zulassen. Aufgrund der Beschreibung der einzelnen Verfahren, einem Vergleich in Kapitel 14 und praktischer Erfahrungen, Baur
(1974), verfügen folgende Methode über diese Vorteile:

- Korrelation und kleinste Quadrate (COR)
- Determinierte Testsignale und kleinste Quadrate
- Rekursive Methode der Hilfsvariablen, wenn sie mit der rekursiven
  Methode der kleinsten Quadrate gestartet wird (IVA + LS).

Bild 16.1 zeigt ein vereinfachtes Ablaufschema für die On-line-Identifikation mit einem Prozeßrechner. Der Operateur wählt zunächst das
Identifikationsverfahren aus, legt geeignete Startwerte und die Modellordnung fest (nur bei LS und IVA), wählt die Abtastzeit, die Daten

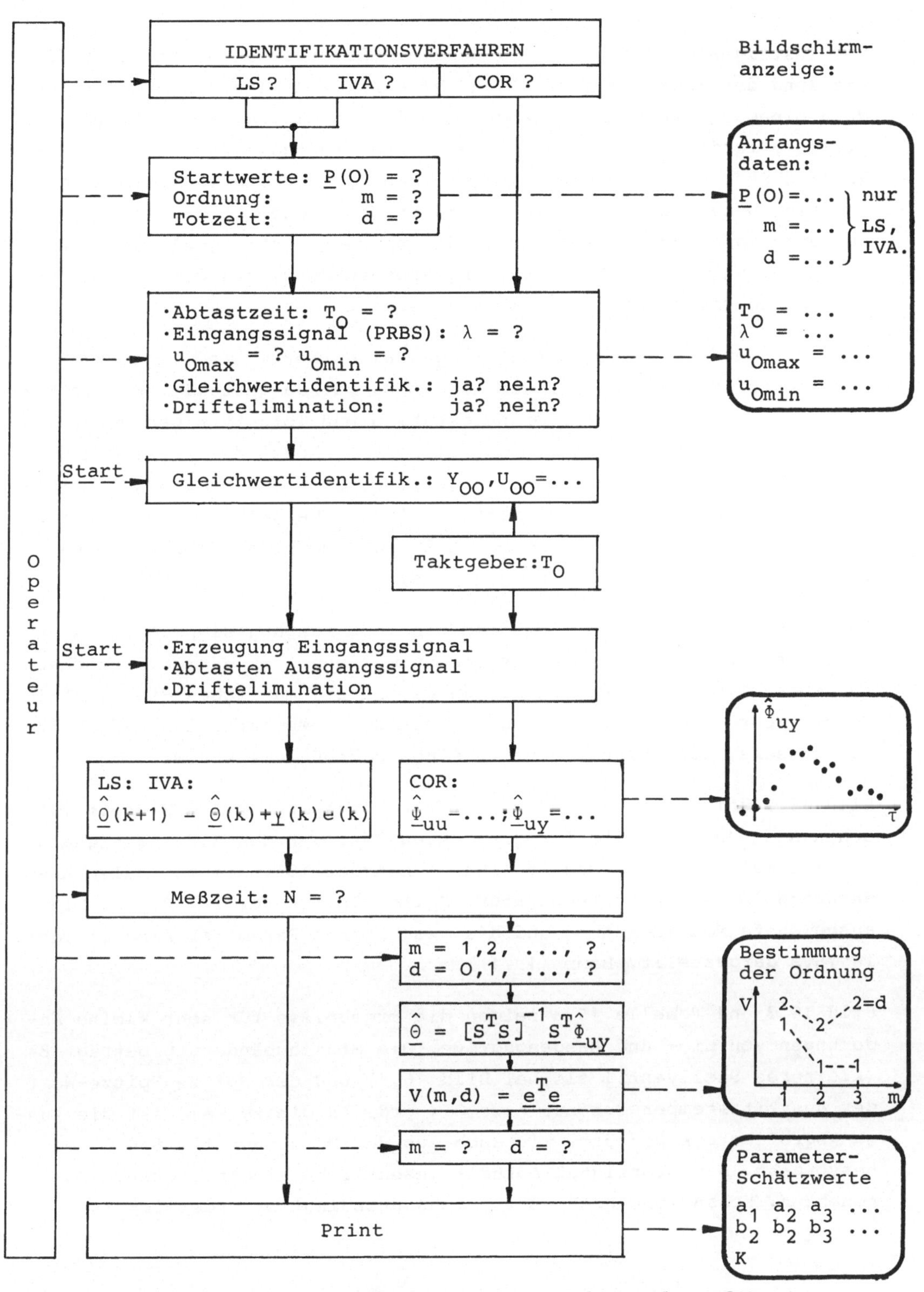


Bild 16.1 Vereinfachtes Ablaufschema einer On-line Identifikation
mit einem Prozeßrechner
LS: Rekursive Methode der kleinsten Quadrate
IVA: Rekursive Methode der Hilfsvariablen
COR: Korrelation und kleinste Quadrate

des Testsignales und bestimmt, ob eine Gleichwertidentifikation (Ermittlung der Beharrungswerte) und eine Driftelimination erfolgen soll.
Nach einem ersten Startkommando beginnt die Gleichwertidentifikation
(falls erforderlich) und endet nach einer festgelegten Meßzeit. Ein
zweites Startkommando startet die eigentliche Prozeßidentifikation.
Das Eingangssignal wird erzeugt und in den Prozeß eingegeben, das
Ausgangssignal abgetastet und niederfrequente Störsignale durch Hochpaßfilterung eliminiert. Nach vorgegebenen Meßzeiten werden bei IVA
und LS die geschätzten Parameter angezeigt.

Beim COR-Verfahren werden nach ausgewählten Meßzeiten die gemessenen
Korrelationsfunktionen auf dem Ausgabengerät dargestellt und die Parameter für die gewünschten Ordnungszahlen und Totzeiten geschätzt. Dann
wird die Verlustfunktion V(m,d) betrachtet, sodaß die beste Ordnung
ausgewählt werden kann. Diese Art einer iterativen Prozeßidentifikation hat sich als sehr zweckmäßig erwiesen. Deshalb und aus den in
Kapitel 13 angeführten Gründen ist die COR-Methode für den Prozeß-
rechnereinsatz besonders gut geeignet.

In den Bildern 16.2 und 16.3 sind Ein- und Ausgangssignale eines an
einem Prozeßrechner angeschlossenen dampfbeheizten Wärmeaustauschers
zu sehen. Eingangsgröße ist der durch ein pneumatisches Stellventil
verstellbare Dampfstrom, Ausgangsgröße die Temperatur des aufgeheiz-
ten Wassers, das durch die Rohre eines Rohrbündels strömt.

Bild 16.2 zeigt den Verlauf der Differenztemperatur des Wassers zwischen Aus- und Eintritt für die ersten Perioden des Eingangssignals.
Die maximale Änderung des Stellhubes beträgt 10%, die maximalen Änderungen der Austrittstemperatur (Spitze-Spitze-Wert) 1.7 grd. Die
ausgewählte Modellordnung und die geschätzten Parameter sind in Tabelle 16.2 dargestellt, Baur (1974).

Bild 16.3 und Tabelle 16.3 zeigen die Ergebnisse für sehr kleine Änderungen von Ein- und Ausgangsgröße. Die Stellhubänderung beträgt 8%
(kleineres Stellventil als bei Bild 16.1) und der Spitze-Spitze-Wert
der Austrittstemperatur nur etwa 0.4 grd. In diesem Fall ist die Ausgangsgröße stark gestört, wie auch aus den Messungen für t < 0 sec
hervorgeht. Das Störsignal enthält wesentliche niederfrequente Komponenten, sodaß eine Hochpaßfilterung unbedingt erforderlich ist.

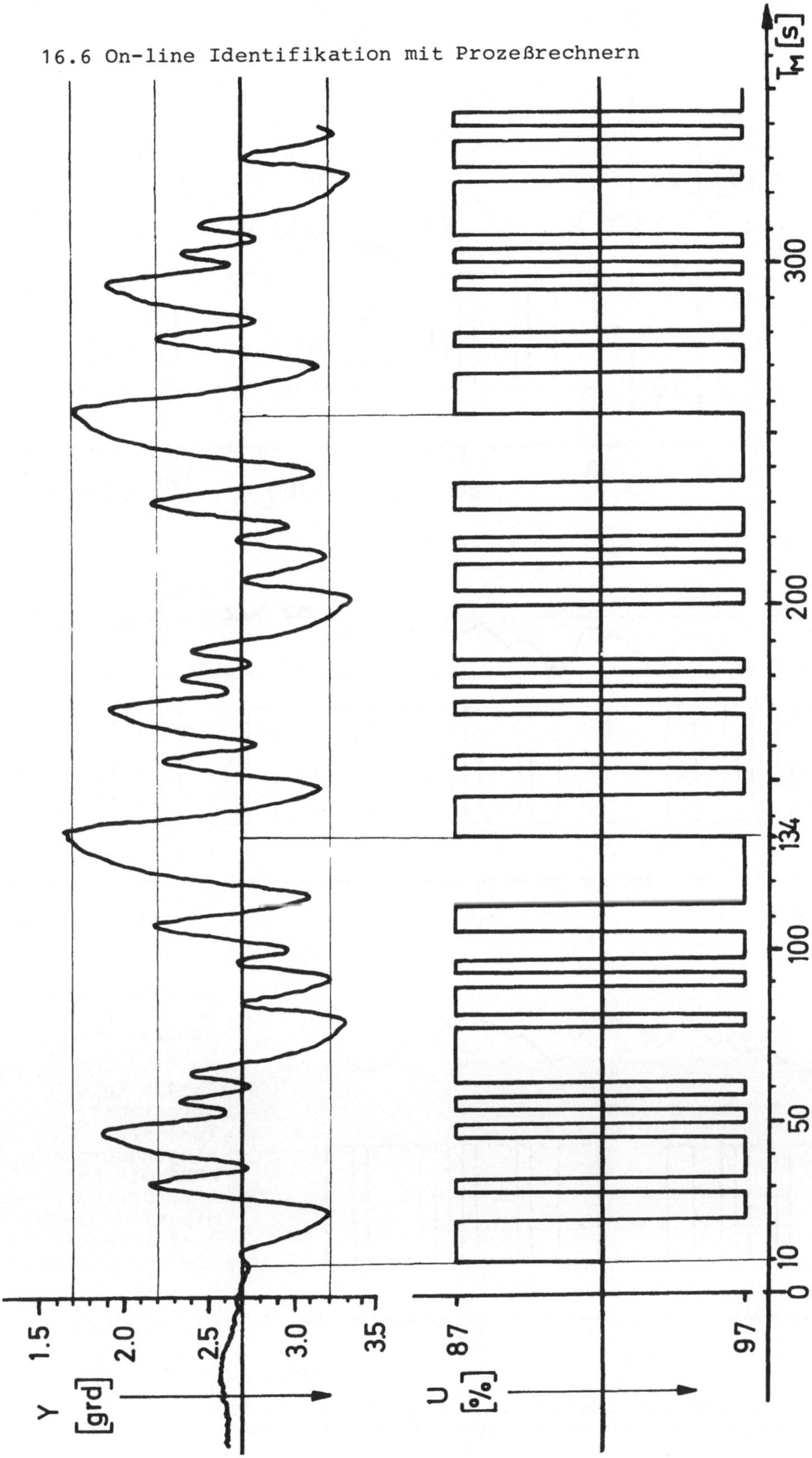

Bild 16.2 Ein- und Ausgangssignal bei der On-line-Identifikation eines dampfbeheizten Wärmeaus-
tauschers mit einem Prozeßrechner.
Wasserstrom: $\overline{M}_W$=7300 kg/h; Dampfstrom: $\overline{M}_D$=35 kg/h; $\Delta\dot{M}_D$=26.3 kg/h. Abtastzeit:$T_O$=1 sec.
Eingangssignal: PRBS mit N=31, $\lambda$=4. Driftelimination: Hochpaßfilterung
Gleichwertidentifikation: 0 ... 10 sec. Identifikationsmethode: COR.

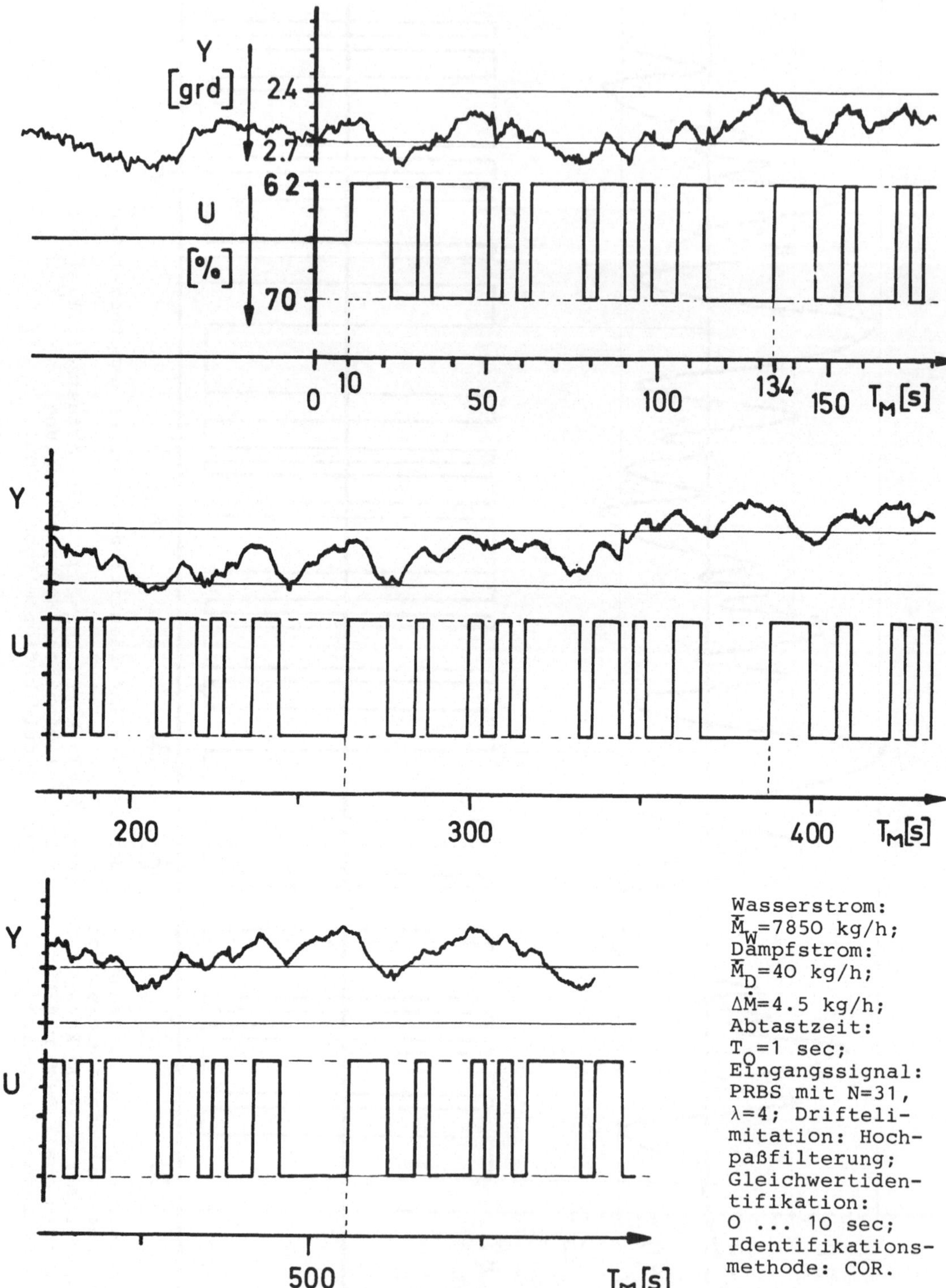


Bild 16.3 Ein- und Ausgangssignal bei der On-line-Identifikation eines dampfbeheizten Wärmeaustauschers mit einem Prozeßrechner

Tabelle 16.2 Parameterschätzwerte für Messung nach Bild 16.2

| $T_M$ [sec] | m | d | $a_1$ | $a_2$ | $a_3$ | $b_1$ | $b_2$ | $b_3$ | K [V/mA] |
|---|---|---|---|---|---|---|---|---|---|
| 535 | 3 | 0 | -1.9302 | 1.3320 | -0.3555 | 0.0012 | -0.0022 | -0.0515 | -1.1349 |
| 535 | 3 | 1 | -1.8672 | 1.2436 | -0.3251 | 0.0020 | -0.0541 | -0.0053 | -1.1187 |

Tabelle 16.3 Parameterschätzwerte für Messung nach Bild 16.3

| $T_M$ [sec] | m | d | $a_1$ | $a_2$ | $a_3$ | $b_1$ | $b_2$ | $b_3$ | K [V/mA] |
|---|---|---|---|---|---|---|---|---|---|
| 163 | 3 | 0 | -1.5470 | 0.8848 | -0.2628 | -0.0013 | -0.0018 | -0.0394 | -0.5712 |
| 287 | 3 | 0 | -1.3540 | 0.4879 | -0.0520 | -0.0172 | 0.0333 | -0.0597 | -0.5324 |
| 411 | 3 | 0 | -1.5326 | 0.8174 | -0.2051 | -0.0254 | 0.0451 | -0.0609 | -0.5186 |
| 535 | 3 | 0 | -1.5194 | 0.7778 | -0.1773 | -0.0242 | 0.0434 | -0.0592 | -0.4914 |
| 163 | 3 | 1 | -1.4039 | 0.8017 | -0.3001 | -0.0073 | -0.0249 | -0.0232 | -0.5678 |
| 287 | 3 | 1 | -0.9093 | -0.0450 | 0.0787 | -0.0056 | -0.0195 | -0.0387 | -0.5127 |
| 411 | 3 | 1 | -1.2198 | 0.3874 | -0.0598 | -0.0011 | -0.0297 | -0.0193 | -0.4641 |
| 535 | 3 | 1 | -1.3670 | 0.5385 | -0.0791 | 0.0052 | -0.0398 | -0.0058 | -0.4366 |

Aus den Tabellen 16.2 und 16.3 ist zu entnehmen, daß die Variation
von d beim Verstärkungsfaktor K und bei den Parametern $a_i$ nur kleine
Änderungen bewirken und daß sich nur die $b_i$ wesentlich ändern. Tabelle
16.3 zeigt die Abhängigkeit der geschätzten Parameter von der Meßzeit.
Bis zur dritten Periode des Testsignales ändern sich die Parameter,
bleiben jedoch für $T_M \geq 411$ sec etwa konstant. Es ist überraschend,
daß trotz des stark gestörten Ausgangssignales und der sehr kleinen,
mit Betriebsinstrumenten meist nicht wahrnehmbaren Ausgangssignal-
änderungen von ± 0.2 grd schon nach der ersten Periode bei $T_M = 134$ sec
relativ gute Parameterschätzwerte erhalten werden.

## 16.7 Zusammenfassung der Voraussetzungen für eine gute Prozeßidentifikation

Die wichtigsten Voraussetzungen für eine gute Prozeßidentifikation lassen sich wie folgt zusammenfassen:

1. Die Störsignale des Prozesses dürfen nicht mit dem Eingangssignal korreliert sein.

2. Die A-priori-Voraussetzungen für eine konsistente Schätzung
   des Modells müssen erfüllt sein. Diese Voraussetzungen hängen
   vom Identifikationsverfahren ab.

3. Das Eingangssignal sollte die interessierenden Eigenwerte fortlaufend anregen. Vergleiche Bemerkung 16.1.

4. Die Abtastzeit sollte geeignet gewählt werden. Richtwerte sind
   in Bemerkung 16.2 angegeben.

5. Zur Vermeidung numerischer Probleme sollte bei Parameterschätzverfahren Bemerkung 4.5.1 beachtet werden.

## 16.8 Nichtbehandelte Probleme der Prozeßidentifikation

In diesem Band wurden alle Verfahren wegen der Auswertung mit Digital-
bzw. Prozeßrechnern für zeitdiskrete Signale und zeitdiskrete Prozeß-
modelle beschrieben. Die nichtparametrischen Identifikationverfahren
können unmittelbar auch auf *Prozesse mit kontinuierlichen Signalen* angewendet werden, bei den Parameterschätzverfahren muß man die Schätzgleichungen in entsprechender Weise ableiten oder versuchen, das kontinuierliche Modell aus dem zeitdiskreten Modell zu bestimmen.

*Nichtlineare Prozesse* lassen sich mit den meisten behandelten Parameterschätzverfahren dann identifizieren, wenn sie linear in den Parametern sind. Falls dies nicht der Fall ist, kann man geeignete Trans-
formationen anwenden, oder versuchen, das Modell z.B. in Form einer
Volterra-Reihe darzustellen, Åström, Eykhoff (1970). Die Identifikation nichtlinearer Prozesse, die nichtlinear in den Parametern sind,
führt im allgemeinen auf ein nichtlineares Schätzproblem, das nur iterativ gelöst werden kann und daher relativ großen Rechenaufwand erfordert.

Die simultane Identifikation von linearen *Prozessen mit mehreren Ein-
und Ausgangssignalen* läßt sich mit den beschriebenen Methoden durchführen, wenn man Eingangssignale verwendet, die statistisch unabhängig

sind. Hierzu eignen sich PRBS die zueinander genügend zeitlich ver-
schoben sind, Davies (1970). Es ist dabei jedoch zu beachten, daß
das Eingangssignal eines Kanals auf das Ausgangssignal eines anderen
Kanals als Störsignal wirkt, so daß sich große Störsignalpegel und
damit große Identifikationszeiten ergeben können. Dieser Nachteil
läßt sich durch eine geeignete Kompensation eliminieren. In Isermann,
Blessing (1974) wird gezeigt, wie man durch eine geeignete Kompen-
sationsmethode besonders mit der Methode "Korrelation und kleinste
Quadrate" fast dieselben Ergebnisse erhält wie bei Eingrößenprozessen.

Für die Parameterschätzverfahren muß bisher die Struktur des Mehr-
größenprozesses bekannt sein. Wenn dies nicht der Fall ist, dann ergeben sich Probleme, die bis heute noch nicht gelöst sind.

Über die Identifikation von Prozessen mit *verteilten Parametern* liegen bisher nur vereinzelt Ergebnisse vor.

Viele Arbeiten über die Identifikation und Parameterschätzung dynamischer Prozesse wurden bei folgenden IFAC-Symposia veröffentlicht:

- 1$^{st}$ IFAC-Symposium on Identification in Automatic Control Systems,
  Prag, 1967, Academia-Verlag, Prag.
- 2$^{nd}$ IFAC-Symposium on Identification and Process Parameter Estimation, Prag, 1970, Academia-Verlag, Prag.
- 3$^{rd}$ IFAC-Symposium on Identification and System Parameter Estimation, Den Haag, 1973, North-Holland, Amsterdam.

Die bisher erschienenen Bücher zum selben Thema sind im Literaturver-
zeichnis aufgeführt.

# Anhang

## Einige Begriffe der Schätztheorie

Zur Erläuterung einiger Begriffe sei davon ausgegangen, daß die Parameter $\Theta_1$, $\Theta_2$, ..., $\Theta_m$ eines Prozesses geschätzt werden sollen, vgl. Einführung zu Kapitel 4. Diese Parameter seien nicht direkt meßbar. Der Zusammenhang zwischen den Parametern und den wahren Werten $y_M(j)$ der meßbaren Größen sei durch ein Modell gegeben

$$y_M(j) = f(\Theta_1, \Theta_2, ..., \Theta_m; j) \qquad j = 1, 2, ..., N.$$

Die wahren Werte $y_M(j)$ seien ebenfalls nicht bekannt, sondern nur fehlerbehaftete Meßwerte $y_P(j)$. Die Parameter $\Theta_i$ sollen so geschätzt werden, daß sie am besten mit den gemessenen Werten $y_P(j)$ übereinstimmen. Im folgenden werden die Schätzwerte mit $\hat{\underline{\Theta}}$ und die wahren Werte mit $\underline{\Theta}_O$ bezeichnet.

In bezug auf die Eigenschaften von Schätzverfahren werden folgende Begriffe verwendet, die Fisher etwa 1921 eingeführt hat, Fisher (1921, 1950).

<u>Bias:</u>

Wenn eine Schätzung für eine beliebige Anzahl N von Messungen einen systematischen Fehler

$$E\{\hat{\underline{\Theta}}(N) - \underline{\Theta}_O\} = E\{\hat{\underline{\Theta}}(N)\} - \underline{\Theta}_O = \underline{b} \neq \underline{O} \tag{1}$$

liefert, dann nennt man diesen Fehler *Bias*. (Englisch: biased = verzerrt, schief). Für eine *biasfreie* (erwartungstreue) *Schätzung* gilt

$$E\{\hat{\underline{\Theta}}(N) - \underline{\Theta}_O\} = \underline{O}. \tag{2}$$

<u>Konsistenz:</u>

Eine Schätzung wird *konsistent* (englisch: consistent) genannt, wenn der Schätzwert umso besser wird, je größer die Zahl N der Meßwerte.

Für N → ∞ strebt eine konsistente Schätzung mit der Wahrscheinlichkeit Eins gegen den wahren Wert

$$\lim_{N\to\infty} P\left[(\hat{\underline{\Theta}}(N)-\underline{\Theta}_0) = \underline{0}\right] = 1. \tag{3}$$

Wenn eine Schätzung konsistent ist, dann besagt dies also nur, daß
der Schätzwert für N → ∞ gegen den richtigen Wert konvergiert. Es
wird dabei nichts über die Güte des Schätzwertes bei endlichen N aus-
gesagt. Konsistente Schätzungen können deshalb für endliche N Bias
haben und ein biasfreier Schätzwert muß nicht konsistent sein. Eine
konsistente Schätzung ist jedoch stets asymptotisch biasfrei.

Eine Schätzung wird *konsistent im quadratischen Mittel* genannt, wenn
zusätzlich zu Gl.(3) für die Varianz des Schätzwertes gilt

$$\lim_{N\to\infty} E\left\{(\hat{\underline{\Theta}}(N)-\underline{\Theta}_0)^2\right\} = \underline{0}. \tag{4}$$

Dann streben also sowohl der Bias als auch die Varianz gegen Null.

Die Bedingungen für Konsistenz sind Konvergenzforderungen mit Wahrscheinlichkeit, Gl.(3), und im quadratischen Mittel, Gl.(4). Eine
hinreichende Bedingung für Gl.(3) ist die Gl.(4).

Effizienz:

Eine Schätzung ist asymptotisch *effizient* (englisch: efficient), wenn
sie unter allen biasfreien Schätzungen, die die gleiche Information
verwenden, die kleinstmögliche Varianz besitzt, also eine Minimalschät-
zung ist.

Erschöpfende Schätzung:

Eine Schätzung wird *erschöpfend* (englisch: sufficient) genannt, wenn
sie alle Information über die beobachteten Werte enthält, aus denen
die Parameter geschätzt werden. Fisher zeigte 1925, daß das in einer
Schätzung enthaltene Maß an Information umgekehrt proportional zur
Varianz ist. Deshalb muß eine erschöpfende Schätzung die kleinstmögliche Varianz besitzen. Eine erschöpfende Schätzung ist somit die
effizienteste aller Schätzungen.

Ausführliche Erörterungen dieser Begriffe findet man z.B. bei Kendall
Stuart (1961, 1973) und Deutsch (1965).

<u>Beispiel:</u>  Schätzung des Mittelwertes und der Varianz der stochas-
tischen Variablen x(1), x(2), ..., x(N).

Die Schätzgleichungen für den Mittelwert und die Varianz seien:

$$\hat{\bar{x}} = \frac{1}{N} \sum_{k=1}^{N} x(k)$$

$$\hat{\sigma}_x^2 = \frac{1}{N} \sum_{k=1}^{N} \left(x(k) - \hat{\bar{x}}\right)^2 .$$

Sind diese Schätzwerte biasfrei und konsistent?

a) <u>Mittelwert $\hat{\bar{x}}$</u>

Für den Mittelwert gilt

$$E\{\hat{\bar{x}}\} = E\{\frac{1}{N} \sum_{k=1}^{N} x(k)\} = \frac{1}{N} E\{\sum_{k=1}^{N} x(k)\} = \frac{1}{N} N E\{x(k)\} = \bar{x}.$$

Diese Schätzung ist also biasfrei. Für die Varianz der Fehler des
Schätzwertes gilt mit der Annahme, daß die x(k) statistisch unabhängig sind

$$E\{(\hat{\bar{x}} - \bar{x})^2\} = E\{[\frac{1}{N} \sum_{k=1}^{N} x(k) - \hat{\bar{x}}]^2\} = \frac{1}{N^2} E\{[\sum_{k=1}^{N} (x(k) - \hat{\bar{x}})^2]\}$$

$$= \frac{1}{N^2} N \sigma_x^2 = \frac{1}{N} \sigma_x^2 .$$

Da auch die Varianz der Schätzfehler für $N \to \infty$ gegen Null geht, ist
der Schätzwert $\hat{\bar{x}}$ konsistent im quadratischen Mittel.

b) <u>Varianz $\hat{\sigma}_x^2$</u>

Es ist

$$E\{\hat{\sigma}_x^2\} = E\{\frac{1}{N} \sum_{k=1}^{N} (x(k) - \hat{\bar{x}})^2\}$$

Durch Umformungen erhält man

$$\sum (x(k) - \hat{\bar{x}})^2 = \sum [(x(k) - \bar{x}) - (\hat{\bar{x}} - \bar{x})]^2$$

$$= \sum (x(k) - \bar{x})^2 + \sum (\hat{\bar{x}} - \bar{x})^2 - 2(\hat{\bar{x}} - \bar{x}) \sum (x(k) - \bar{x})$$

$$= \sum (x(k) - \bar{x})^2 + N(\hat{\bar{x}} - \bar{x})^2 - 2(\hat{\bar{x}} - \bar{x}) N(\hat{\bar{x}} - \bar{x})$$

$$= \sum (x(k) - \bar{x})^2 - N(\hat{\bar{x}} - \bar{x})^2 .$$

Somit erhält man

$$E\{\hat{\sigma}_x^2\} = \frac{1}{N}(N\sigma_x^2 - \sigma_x^2) = \frac{N-1}{N} \sigma_x^2 .$$

Der Schätzwert der Varianz hat also für endliche N einen Bias, der umso kleiner wird, je größer N. Für $N \to \infty$ verschwindet jedoch der Bias; der Schätzwert ist asymptotisch biasfrei. Der Schätzwert ist also konsistent.

Damit der Schätzwert der Varianz auch bei endlichen N biasfrei ist, muß man die Schätzgleichung

$$\hat{\sigma}_x^2 = \frac{1}{N-1} \sum_{k=1}^{N} (x(k) - \hat{\bar{x}})^2$$

verwenden.

## Zur Ableitung von Vektoren und Matrizen

Der Vektor $\underline{x}$ sei eine Funktion der Parameter $a_1$, $a_2$, ..., $a_n$. Es sind nun die partiellen Ableitungen dieses Vektors nach den einzelnen Parametern gesucht. Hierzu werde ein partieller Ableitungsoperator als Vektor

$$\frac{\partial}{\partial \underline{a}} = \begin{bmatrix} \dfrac{\partial}{\partial a_1} \\ \vdots \\ \dfrac{\partial}{\partial a_n} \end{bmatrix}$$

definiert. Da dieser als Spaltenvektor definiert ist, kann er nicht auf

$$\underline{x} = \begin{bmatrix} x_1 \\ \vdots \\ x_p \end{bmatrix}$$

sondern nur auf seine Transponierte $\underline{x}^T$ angewendet werden. Dann ergibt sich

$$\frac{\partial \underline{x}^T}{\partial \underline{a}} = \begin{bmatrix} \dfrac{\partial x_1}{\partial a_1} & \dfrac{\partial x_2}{\partial a_1} & \cdots & \dfrac{\partial x_p}{\partial a_1} \\ \vdots & \vdots & & \vdots \\ \dfrac{\partial x_1}{\partial a_n} & \dfrac{\partial x_2}{\partial a_n} & \cdots & \dfrac{\partial x_p}{\partial a_n} \end{bmatrix}$$

Falls $\underline{x}$ das Produkt zweier anderer Vektoren

$$\underline{x} = \underline{v}^T\underline{w} = [v_1 \ \ldots \ v_p]\begin{bmatrix} w_1 \\ \vdots \\ w_p \end{bmatrix} = v_1 w_1 + \ldots + v_p w_p$$

ist, also ein Skalar, dann gilt

$$\frac{\partial}{\partial \underline{a}}\,[\underline{v}^T\underline{w}] = \frac{\partial \underline{v}^T}{\partial \underline{a}}\,\underline{w} + \frac{\partial \underline{w}^T}{\partial \underline{a}}\,\underline{v}$$

$$= \begin{bmatrix} \frac{\partial v_1}{\partial a_1} w_1 + \ldots + \frac{\partial v_p}{\partial a_1} w_p \\ \vdots \qquad\qquad \vdots \\ \frac{\partial v_1}{\partial a_n} w_1 + \ldots + \frac{\partial v_p}{\partial a_n} w_p \end{bmatrix} + \begin{bmatrix} \frac{\partial w_1}{\partial a_1} v_1 + \ldots + \frac{\partial w_p}{\partial a_1} v_p \\ \\ \frac{\partial w_1}{\partial a_n} v_1 + \ldots + \frac{\partial w_p}{\partial a_n} v_p \end{bmatrix}$$

Wenn die Elemente des Vektors $\underline{v}$ keine Funktion der Parameter $a_i$ sind und $\underline{w} = \underline{a}$, dann gilt

$$\frac{\partial}{\partial \underline{a}}\,[\underline{v}^T\underline{a}] = \underline{v}.$$

Falls, umgekehrt, die Elemente $\underline{w}$ keine Funktion der Parameter $a_i$ sind und $\underline{v} = \underline{a}$, dann wird

$$\frac{\partial}{\partial \underline{a}}\,[\underline{a}^T\underline{w}] = \underline{w}.$$

Die letzten beiden Gleichungen gelten analog für die Matrizen $\underline{V}$ und $\underline{W}$ anstelle der Vektoren $\underline{v}$ und $\underline{w}$

$$\frac{\partial}{\partial \underline{a}}\,[\underline{V}\,\underline{a}]^T = \underline{V}^T$$

$$\frac{\partial}{\partial \underline{a}}\,[\underline{a}^T\underline{W}] = \underline{W}.$$

## Satz zur Matrizeninversion

Wenn A, C und $(A^{-1} + B\,C^{-1}\,D)$ nichtsinguläre quadratische Matrizen sind und

$$E = [A^{-1} + B\,C^{-1}\,D]^{-1} \tag{1}$$

ist, dann gilt

$$E = A - A\,B(D\,A\,B + C)^{-1}D\,A. \tag{2}$$

<u>Beweis:</u>

Es gilt:

$$E^{-1} = A^{-1} + B\ C^{-1}\ D. \tag{3}$$

Multipliziere mit E von links

$$I = E\ A^{-1} + E\ B\ C^{-1}\ D. \tag{4}$$

Multipliziere mit A von rechts

$$A = E + E\ B\ C^{-1}\ D\ A. \tag{5}$$

Multipliziere mit B von rechts

$$A\ B = E\ B + E\ B\ C^{-1}\ D\ A\ B$$
$$= E\ B\ C^{-1}\ [C + D\ A\ B] \tag{6}$$
$$A\ B\ [C + D\ A\ B]^{-1} = E\ B\ C^{-1}. \tag{7}$$

Multipliziere von rechts mit $- D\ A$

$$- A\ B\ [D\ A\ B + C]^{-1}\ D\ A = - E\ B\ C^{-1}\ D\ A. \tag{8}$$

Führe Gl.(5) ein

$$A - A\ B\ [D\ A\ B + C]^{-1}\ D\ A = E \tag{9}$$

w.z.b.w.

Dieser Satz gilt auch für $D = B^T$. Der Vorteil dieses Satzes ist darin
zu sehen, daß man anstelle von drei Matrizeninversionen in Gl.(1)
nur noch eine Inversion in Gl.(2) benötigt. Falls $D = B^T$, B ein Spaltenvektor ist und C ein Skalar, dann ist anstelle von zwei Inver-
sionen nur noch eine Division erforderlich.

## Vektorielle stochastische Prozesse

Ein vektorieller stochastischer Prozeß n-ter Ordnung

$$\underline{x}^T(k) = [x_1(k)\ x_2(k)\ \ldots\ x_n(k)]$$

enthält n skalare Prozesse. Falls sie ergodisch sind, gilt für ihren
Mittelwert

$$\underline{\bar{x}}^T = E\{\underline{x}^T(k)\} = [\bar{x}_1\ \bar{x}_2\ \ldots\ \bar{x}_n].$$

Der innere Zusammenhang zwischen jeweils zwei skalaren Prozessen (Komponenten) wird in der *(Auto-Kreuz-) Korrelationsmatrix* ausgedrückt

$$E\{\underline{x}(k)\,\underline{x}^T(k+\tau)\} = E\begin{bmatrix} x_1(k)x_1(k+\tau) & x_1(k)x_2(k+\tau) & \cdots & x_1(k)x_n(k+\tau) \\ x_2(k)x_1(k+\tau) & x_2(k)x_2(k+\tau) & \cdots & x_2(k)x_n(k+\tau) \\ \vdots & & & \\ x_n(k)x_1(k+\tau) & x_n(k)x_2(k+\tau) & \cdots & x_n(k)x_n(k+\tau) \end{bmatrix}$$

$$= \begin{bmatrix} \Phi_{x_1x_1}(\tau) & \Phi_{x_1x_2}(\tau) & \cdots & \Phi_{x_1x_n}(\tau) \\ \Phi_{x_2x_1}(\tau) & \Phi_{x_2x_2}(\tau) & \cdots & \Phi_{x_2x_n}(\tau) \\ \vdots & \vdots & & \vdots \\ \Phi_{x_nx_1}(\tau) & \Phi_{x_nx_2}(\tau) & \cdots & \Phi_{x_nx_n}(\tau) \end{bmatrix}$$

Auf der Diagonalen stehen n Autokorrelationsfunktionen der einzelnen skalaren Prozesse. Alle anderen Elemente sind Kreuzkorrelationsfunktionen. Da die Korrelationsmatrix symmetrisch ist, sind $n(n-1)/2$ verschiedene Kreuzkorrelationsfunktionen enthalten.

In entsprechender Weise ist für zwei verschiedene vektorielle Prozesse $\underline{x}(k)$ und $\underline{y}(k)$ der Ordnung n die *(Kreuz-) Korrelationsmatrix*

$$E\{\underline{x}(k)\,\underline{y}^T(k+\tau)\}$$

definiert, deren Elemente $n^2$ verschiedene Kreuzkorrelationsfunktionen sind.

Stellt man die vektoriellen Prozesse als Abweichungen von ihrem Mittelwert dar, dann erhält man für einen vektoriellen Prozeß die *(Auto-Kreuz-) Kovarianzmatrix*

$$cov[\underline{x},\tau] = E\{[\underline{x}(k)-\overline{\underline{x}}][\underline{x}(k+\tau)-\overline{\underline{x}}]^T\}$$

$$= \begin{bmatrix} R_{x_1x_1}(\tau) & R_{x_1x_2}(\tau) & \cdots & R_{x_1x_n}(\tau) \\ R_{x_2x_1}(\tau) & R_{x_2x_2}(\tau) & & R_{x_2x_n}(\tau) \\ \vdots & \vdots & & \vdots \\ R_{x_nx_1}(\tau) & R_{x_nx_2}(\tau) & & R_{x_nx_n}(\tau) \end{bmatrix}$$

Auf der Diagonalen stehen die n Autokovarianzfunktionen der n skalaren Prozesse. Die restlichen Elemente sind $n(n-1)/2$ verschiedene Kreuzkovarianzfunktionen.

Für zwei verschiedene vektorielle Prozesse $\underline{x}(k)$ und $\underline{y}(k)$ mit jeweils
n Komponenten lautet die *(Kreuz-) Kovarianzmatrix*

$$\text{cov}[\underline{x}, \underline{y}, \tau] = E\{[\underline{x}(k)-\underline{x}][\underline{y}(k+\tau)-\underline{y}]\}.$$

## Verschiedene Beispiele

<u>Methode der kleinsten Quadrate für eine Differenzengleichung
erster Ordnung</u> (Beispiel zu Abschnitt 4.2)

Die Methode der kleinsten Quadrate soll nun an einer einfachen Differenzengleichung erster Ordnung erläutert werden.

Der zu identifizierende Prozeß sei beschrieben durch

$$y(k) + a_1 y(k-1) = b_1 u(k-1).$$

Diese Differenzengleichung entsteht aus einem kontinuierlichen Ver-
zögerungsglied erster Ordnung mit Halteglied nullter Ordnung. Es werden N+1 Werte u(k) und y(k) gemessen

$$\underline{\Psi} = \begin{bmatrix} -y(0) & | & u(0) \\ -y(1) & | & u(1) \\ \vdots & | & \vdots \\ -y(N) & | & u(N) \end{bmatrix}$$

Damit wird

$$(N+1)^{-1}\,\underline{\Psi}^T\underline{\Psi} = \begin{bmatrix} \Phi_{yy}^N(0) & -\Phi_{uy}^N(0) \\ -\Phi_{uy}^N(0) & \Phi_{uu}^N(0) \end{bmatrix}$$

$$(N+1)^{-1}\,\underline{\Psi}^T\underline{y} = \begin{bmatrix} -\Phi_{yy}^N(1) \\ \Phi_{uy}^N(1) \end{bmatrix}$$

Die Invertierte lautet

$$(N+1)\,[\underline{\Psi}^T\underline{\Psi}]^{-1} = (N+1)\frac{\text{adj}[\underline{\Psi}^T\underline{\Psi}]}{\det[\underline{\Psi}^T\underline{\Psi}]}$$

$$= \frac{1}{\Phi_{uu}^N(0)\,\Phi_{yy}^N(0)-(\Phi_{uy}^N(0))^2} \begin{bmatrix} \Phi_{uu}^N(0) & \Phi_{uy}^N(0) \\ \Phi_{uy}^N(0) & \Phi_{yy}^N(0) \end{bmatrix}$$

und für die Parameterschätzung ergibt sich somit

$$\begin{bmatrix} \hat{a}_1 \\ \hat{b}_1 \end{bmatrix} = \frac{1}{\Phi^N_{uu}(0)\ \Phi^N_{yy}(0)\ -\ [\Phi^N_{uy}(0)\,]^2} \begin{bmatrix} -\Phi^N_{uu}(0)\ \Phi^N_{yy}(1)\ +\ \Phi^N_{uy}(0)\ \Phi^N_{uy}(1) \\ -\Phi^N_{uy}(0)\ \Phi^N_{yy}(1)\ +\ \Phi^N_{yy}(0)\ \Phi^N_{uy}(1) \end{bmatrix}$$

Für den Bias gilt nach Gl.(4.2-26)

$$\underline{b} = E\left\{ \begin{bmatrix} \hat{\Delta a}_1 \\ \hat{\Delta b}_1 \end{bmatrix} \right\}$$

$$= E\left\{ \frac{1}{\Phi^N_{uu}(0)\,\Phi^N_{yy}(0)\ -\ [\Phi^N_{uy}(0)\,]^2} \begin{bmatrix} -\Phi^N_{uu}(0)\ \Phi^N_{ye}(1)\ +\ \Phi^N_{uy}(0)\ \Phi^N_{ue}(1) \\ -\Phi^N_{uy}(0)\ \Phi^N_{ye}(1)\ +\ \Phi^N_{yy}(0)\ \Phi^N_{ue}(1) \end{bmatrix} \right\}.$$

Nur falls sowohl y(k) und e(k) als auch u(k) und e(k) nicht korreliert sind, wird $\overline{\Phi}_{ye}(1) = 0$ und $\overline{\Phi}_{ue}(1) = 0$ und somit $\underline{b} = \underline{0}$.

Wenn das Eingangssignal u(k) und das Störsignal n(k) weißes Rauschen sind, sodaß $\Phi_{uy}(0) = g(0) = 0$, dann folgt mit Gl.(4.2-36)

$$E\{\hat{\Delta a}_1\} = -\frac{\overline{\Phi}_{ye}(1)}{\overline{\Phi}_{yy}(0)} = -a_1\frac{\overline{n^2(k)}}{\overline{y^2(k)}} = -a_1\frac{1}{\dfrac{\overline{y_u^2(k)}}{\overline{n^2(k)}} + 1}$$

$$E\{\hat{\Delta b}_1\} = 0.$$

*Der Bias von* $\hat{a}_1$ *wird also umso größer, je größer der Störsignalpegel ist.* $\hat{b}_1$ wird stets biasfrei geschätzt wenn das Eingangssignal weißes Rauschen ist.

Die Kovarianzmatrix der Parameterfehler wird nach Gl.(4.2-41)

$$\text{cov}\begin{bmatrix} \hat{\Delta a}_1 \\ \hat{\Delta b}_1 \end{bmatrix} = E\left\{ \frac{\sigma_e^2}{\Phi^N_{uu}(0)\ \Phi^N_{yy}(0)\ -\ [\Phi^N_{uy}(0)\,]^2} \begin{bmatrix} \Phi^N_{uu}(0) & 0 \\ 0 & \Phi^N_{yy}(0) \end{bmatrix} \right\}\frac{1}{N+1}.$$

Falls u(k) weißes Rauschen ist, erhält man

$$\text{var}\,[\hat{\Delta a}_1] = \frac{\overline{e^2(k)}}{\overline{y^2(k)}}\cdot\frac{1}{N+1} \quad \text{und} \quad \text{var}\,[\hat{\Delta b}_1] = \frac{\overline{e^2(k)}}{\overline{u^2(k)}}\cdot\frac{1}{N+1}$$

und falls weiter $n(k)$ weißes Rauschen, dann gilt für biasfreie Schätzung $\hat{\underline{\Theta}} = \underline{\Theta}_0$ mit Gl.(4.2-30)

$$\text{var } [\Delta\hat{a}_1] = (1+a_1^2) \, \frac{\overline{n^2(k)}}{\overline{y^2(k)}} \cdot \frac{1}{N+1}$$

$$\text{var } [\Delta\hat{b}_1] = (1+a_1^2) \, \frac{\overline{n^2(k)}}{\overline{u^2(k)}} \cdot \frac{1}{N+1}.$$

*Die Streuung der Parameterfehler nimmt also umgekehrt proportional zur Wurzel aus der Meßzeit ab.*

<u>Schätzung eines Mittelwertes mittels stochastischer Approximation</u>
(Beispiel zu Kapitel 5)

Es soll ein stochastischer Approximationsalgorithmus zur Schätzung des Mittelwertes einer Zufallsvariablen $x(k)$ angegeben werden.

Eine biasfreie Schätzung ergibt sich bekanntlich aus

$$\hat{\mu}(k) = \frac{1}{k} \sum_{i=1}^{k} x(i).$$

Dann gilt auch

$$\hat{\mu}(k+1) = \frac{1}{k+1} \sum_{i=1}^{k+1} x(i) = \frac{1}{k+1} [x(k+1 + k\,\hat{\mu}(k)].$$

Hieraus erhält man die rekursive Schätzgleichung

$$\hat{\mu}(k+1) = \hat{\mu}(k) + \frac{1}{k+1} [x(k+1) - \hat{\mu}(k)].$$

Mit Hilfe der Methode der stochastischen Approximation soll nun der Mittelwert $\mu$ dadurch geschätzt werden, daß die Verlustfunktion

$$V(k) = e^2(k) = [x(k) - \hat{\mu}(k)]^2$$

minimiert wird. Dann ist

$$\frac{dV(k)}{d\mu} = -2 [x(k) - \hat{\mu}(k)]$$

und nach Gl.(5-9) gilt

$$\hat{\mu}(k+1) = \hat{\mu}(k) + 2\rho(k)[x(k) - \hat{\mu}(k)]$$

bzw. mit den neuesten Meßwerten im Korrekturterm

$$\hat{\mu}(k+1) = \hat{\mu}(k) + 2\rho(k+1)[x(k+1) - \hat{\mu}(k)].$$

Für eine biasfreie Schätzung von $\mu$ muß in diesem Fall also

$$\rho(k+1) = \frac{1}{2(k+1)}$$

gewählt werden.

# Literaturverzeichnis


Ackermann, J. (1972): Abtastregelung. Berlin: Springer-Verlag.

Albert, A.E., Gardner, L.A. (1967): Stochastic approximation and nonlinear regression. Cambridge, Mass.: M.I.T.-Press.

Åström, K.J., Bohlin, T. (1966): Numerical identification of linear dynamic systems from normal operating records. IFAC-Symposium Theory of selfadaptive control systems, Teddington, 1965. New York: Plenum Press.

Åström, K.J. (1968): Lectures on the identification problem - The least squares method. Report 6808, Lund Institute of Technology, Sweden.

Åström, K.J. (1970): Introduction to stochastic control theory. New York: Academic Press.

Åström, K.J., Eykhoff, P. (1970): System identification - a survey. Automatica 7, (1971), 123-162.

Balakrishnan, A.V., Peterka, V. (1969): Identification in automatic control systems. 4th IFAC-Congress, Warszawa.

Baur, U. (1974): On-line Parameterschätzverfahren zur Identifikation linearer, dynamischer Prozesse mit Prozeßrechnern - Entwicklung, Vergleich, Erprobung. Dissertation Universität Stuttgart.

Bartlett, M.S. (1946): On the theoretical specification and sampling properties of autocorrelated time series. Jour. Royal Stat. Soc., B 8, 27-41.

Bendat, J.S., Piersol, A.G. (1971): Random data: analysis and measurement procedures. New York: Wiley Interscience.

Blum, J. (1954): Multidimensional stochastic approximation procedures. Ann. Math. Statist. 25, 737-744.

Van den Boom, A., van den Enden, A. (1973): The determination of the order of process- and noise dynamics. Proc. of 3rd IFAC-Symposium on Identification. Amsterdam: North Holland.

Box, G.E.P., Jenkins, G.M. (1970): Time series analysis, forecasting and control. San Francisco: Holden Day.

Van den Bos, A. (1967): Construction of binary multifrequency testsignals. 1st IFAC-Symposium on Identification, Prague.

Van den Bos, A. (1970): Estimation of linear system coefficients from
noisy responses to binary multifrequency testsignals. 2nd IFAC-Symposium on Identification, Prague.

Van den Bos, A. (1973): Selection of periodic testsignals for estimation of linear system dynamics. 3rd IFAC-Symposium on Identification, The Hague.

Chow, P.E.K., Davies, A.C. (1964): The synthesis of cyclic code gene-
rators. Electronic Engineering, 253-259.

Cuénod, M, Sage, A.P. (1968): Comparison of some methods used for
process identification. Automatica 4 (1968), 235-269.

Davies, W.D.T. (1970): System Identification for self-adaptive control. London: Wiley-Interscience.

Davenport, W., Root, W. (1958): An introduction to the theory of
random signals and noise. New York: Mc Graw-Hill.

Deutsch, R. (1965): Estimation theory. Englewood Cliffs, N.J.:
Prentice Hall.

Deutsch, R. (1969): Systems analysis techniques. Englewood Cliffs,
N.J.: Prentice Hall.

Durbin, J. (1954): Errors in variables. Rev. Int. Statist. Inst.,22,
23-32.

Dvoretzky, A. (1956): On stochastic approximation. Proc. 3rd Berekley
Symp. Math. Statist. and Prob. (J. Neyman ed.), Berekley, Calif.:
University of California Press, 39-55.

Eykhoff, P., van der Grinten, P.M., Kwakernaak, H., Veltman, B.P.
(1966): Systems modelling and identification. London: 3rd IFAC-
Congress.

Eykhoff, P. (1967): Process parameter and state estimation. Automatica
4, 205-233.

Eykhoff, P. (1974): System Identification. London: John Wiley.

Fisher, R.A. (1921): On the mathematical foundation of theoretical
statistics. Phil. Trans. A, 222, 309.

Fisher, R.A. (1950): Contributions to mathematical statistics. New
York: John Wiley.

Fletcher, R., Powell, M.J.D. (1963): A rapid descent method for mini-
misation. Comput. J., 6, 163-168.

Graupe, D. (1972): Identification of systems. New York: Van Norstrand Reinhold.

Gustavsson, I. (1973): Survey of applications of identification in chemical and physiscal processes. 3rd IFAC-Symposium on Identification, The Hague. Amsterdam: North Holland.

Hartree, D.R. (1958): Numerical analysis. Oxford: The Clarendon Press.

Hastings-James, R., Sage, M.W. (1969): Recursive generalized least squares procedure for on-line identification of process parameters. Proc. IEEE, 166, 2057-2062.

Ho, Y.C. (1962): On the stochastic approximation method and optimal filtering theory. Journal of Math. Anal. and Applic. 6, 152-154.

Hoffmann, U., Hofmann, H. (1971): Einführung in die Optimierung. Weinheim: Verlag Chemie.

Householder, A.S. (1957): A survey of some closed methods for inverting matrices. J. Soc. Industr. Appl. Math., 5, 155-168.

Householder, A.S. (1958): A class of methods for inverting matrices. J. Soc. Industr. Appl. Math., 6, 189-195.

Isermann, R. (1971a): Experimentelle Analyse der Dynamik von Regel-systemen. - Identifikation I -. Mannheim: Bibliographisches Institut, Nr. 515/515a.

Isermann, R. (1971b): Theoretische Analyse der Dynamik industrieller Prozesse. - Identifikation II -. Mannheim: Bibliographisches Institut, Nr. 764/764a.

Isermann, R. (1971c): Vergleich der Genauigkeiten und Mindestmeßzei-ten einiger Identifikationsverfahren. Regelungstechnik und Prozeßda-tenverarbeitung, 19, 339-344.

Isermann, R. (1972a): Parameter-Identifikationsverfahren. Kursmanus-kript Nr. 42. Technische Universität Berlin: Brennpunkt Kybernetik.

Isermann, R. (1972b): Identification of the static behavior of very noisy dynamic processes. Preprints of 1972 IEEE-Conference on Cyber-netics and Society, Washington D.C. und Regelungstechnik und Prozeß-datenverarbeitung 21, 1973.

Isermann, R. (1973a): Testcases for comparison of different identifi-cation and parameter estimation methods using simulated processes. 3rd IFAC-Symposium on Identification. Amsterdam: North Holland, paper E-2.

Isermann, R., Baur, U., Bamberger, W., Kneppo, P., Siebert, H. (1973b): Comparison of six on-line identification and parameter estimation methods with three simulated processes. 3rd IFAC-Symposium on Identi-fication. Amsterdam: North Holland, paper E-1, und IFAC Automatica (1974), 81-103.

Isermann, R., Baur, U. (1973c): Results of testcase A. 3rd IFAC-Symposium on Identification. Amsterdam: North Holland, paper E-3.

Isermann, R., Baur, U., Kurz, H. (1974a): Identifikation linearer Prozesse mittels Korrelation und Parameterschätzung. Regelungstechnik und Prozeßdatenverarbeitung, 22, Heft 8.

Isermann, R., Blessing,P. (1974b): Identifikation von Mehrgrößenprozessen mittels Korrelation, Parameterschätzung und Kompensation. Erscheint 1974/75.

Jazwinski, A.H. (1970): Stochastic processes and filtering theory. New York: Academic Press.

Jenkins, G., Watts, D. (1969): Spectral analysis and its application. San Francisco: Holden Day.

Joseph, P., Lewis, J., Tou, J. (1961): Plant identification in the presence of disturbancies and application to digital adaptive systems. Trans. AIEE (Appl. and Ind.), 80, 18-24.

Johnston, J. (19763, 1972): Econometric Methods. New York: Mc Graw Hill.

Kashyap, R.L. (1970): Maximum-likelihood identification of stochastic linear systems. IEEE- Trans. on Aut. Contr. AC-15, No.1.

Kant, D., Winkler, D. (1971): Numerische Lösung schlecht konditionierter linearer Gleichungssysteme auf dem Prozeßrechner . Regelungstechnik und Prozeßdatenverarbeitung, 19, 145-149, 211-214.

Kendall, M.G., Stuart, A. (1958, 1969: Vol.1), (1961, 1973: Vol.2), (1966, 1968: Vol.3): The advanced theory of statistics. London: Griffin.

Kiefer, J., Wolfowitz, J. (1952): Statistical estimation of the maximum of a regression function. Ann. Math. Statist. 23, 462-266.

Kuo, B.C. (1970): Discrete data control systems. Englewood-Cliffs, N.J.: Prentice-Hall.

Laning, J.H., Battin, R.H. (1956): Random processes in automatic control. New York: Mc Graw Hill.

Lee, R.C.K. (1964): Optimal estimation, identification and control. Cambridge, Mass.: M.I.T. Press.

Leonhard, W. (1972): Diskrete Regelsysteme. Mannheim: Bibliographisches Institut, Nr. 523/523a.

Leonhard, W. (1973): Statistische Analyse linearer Regelsysteme. Stuttgart: Teubner.

Levin, M.J. (1960): Optimum estimation of impulse response in the presence of noise. IRE Trans. on Circuit Theory, 50-56.

Lindorff, D.P. (1965): Theory of sampled-data control systems. New York: John Wiley.

Mann, H.B., Wald, W. (1943): On the statistical treatment of linear stochastic difference equations. Econometrica, Vol. 11, Nr. 3 und 4, 173-220.

Mehra, R.K. (1973): Case studies in aircraft parameter identification. 3rd IFAC-Symposium on Identification. Amsterdam: North Holland.

Mendel, J.M. (1973): Discrete techniques of parameter estimation. New York: Dekker.

Nahi, N.E. (1969): Estimation theory and applications. New York: John Wiley.

Nieman, R.E., Fisher, D.G., Seborg, D.E. (1971): A review of process identification and parameter estimation techniques. Int. J. Control, 13, 209-264.

Papoulis, A. (1965): Probability, random variables and stochastic processes. New York: Mc Graw Hill.

Pittermann, F., Schweizer, G. (1966): Erzeugung und Verwendung von binärem Rauschen bei Flugversuchen. Regelungstechnik 14, 63-70.

Reiersøl, O. (1941): Confluence analysis by means of lag moments and other methods of confluence analysis. Econometrica, 1-23.

Richalet, J., Rault, A., Pouliquen, R. (1971): Identification des processus par la méthode du modèle. Paris, London, New York: Gordon and Breach.

Robbins, H., Monro, S. (1951): A stochastic approximation method. Ann. Math. Statist. 22, 400-407.

Sage, A.P., Melsa, J.L. (1971a): Estimation theory with applications to communications and control. New York: Mc Graw-Hill.

Sage, A.P., Melsa, J.L. (1971b): System identification. New York: Academic Press.

Sakrison, D.J. (1966): Stochastic approximation. Advan. Commun. Syst. 2, 51-106.

Saridis, G.N., Stein, G. (1968a,b): Stochastic approximation algorithms for discrete time system identification. IEEE Trans. on Autom. Contr., AC-13, 515-523 and 592-594.

Saridis, G.N. (1974): Comparison of six on-line identification algorithms. Automatica 1o, 69-79.

Schlitt, H. (1960): Systemtheorie für regellose Vorgänge. Berlin:
Springer-Verlag.

Schlitt, H., Dittrich, F. (1972): Statistische Methoden der Regelungstechnik. Mannheim: Bibliographisches Institut, Nr. 526.

Steiglitz, K., Mc. Bride, L.E. (1965): A technique for the identification of linear systems. IEEE Trans. Autom. Contr., AC-10, 461-464.

Strejc, V. (1967): Synthese von Regelsystemen mit Prozeßrechnern.
Prag: Verlag der Tschechoslowakischen Akademie der Wissenschaften.

Thoma, M. (1973): Theorie linearer Regelsysteme. Braunschweig: Vieweg.

Unbehauen, H., Göhring, B. (1973): Application of different tests
for determination of model order. 3rd IFAC-Symposium on Identification. Amsterdam: North Holland.

Van der Waerden, B.L. (1957, 1971): Mathematische Statistik. Berlin:
Springer-Verlag.

Westlake, J.R. (1968): A handbook of numerical matrix inversion and
solution of linear equations. New York: John Wiley.

Wilde, D. (1964): Optimum seeking methods. Englewood Cliffs, N.J.:
Prentice Hall.

Wong, K.Y., Polak, E. (1967): Identification of linear discrete time
systems using the instrumental variable method. IEEE Trans. Aut. Contr.,
AC-12, 707-718.

Woodside, C.M. (1971): Estimation of the order of linear systems.
Automatica, 7, 727-233.

Young, P.C. (1970): An instrumental variable method for real-time
identification of a noisy process. IFAC-Automatic, 6, 271-287.

Young, P.C., Shellswell, S.H., Neethling, C.G. (1971): A recursive
approach to time-series analysis. Report CUED/B-Cotrol/TR16,
University of Cambrige, Great Britain.

Zadeh, L.A. (1962): From circuit theory to system theory. Proc. IRE,
50, 856-865.

Zurmühl, R. (1965): Praktische Mathematik. Berlin: Springer-Verlag.

# Sachverzeichnis

# Regelungstechnik

J. Ackermann:
**Abtastregelung**
Mit 86 Abb. XII, 391 Seiten
1972. Geb. DM 60,—
ISBN 3-540-05707-2

K.H. Fasol:
**Die Frequenzkennlinien**
Eine Einführung in die
Grundlagen des Frequenz-
kennlinien-Verfahrens und
dessen Anwendungen in
der Regelungstechnik

Mit 188 Abb. und 4 Aus-
schlagtafeln.
VIII, 264 Seiten. 1968
Geb. DM 89,—
ISBN 3-211-80859-0

F. Freund:
**Zeitvariable
Mehrgrößensysteme**

Mit VIII, 160 Seiten. 1971
(Lecture Notes in Econo-
mics and Mathematical
Systems, Vol. 57). DM 20,—
ISBN 3-540-05685-8

G. Hutarew:
**Regelungstechnik**
Kurze Einführung am Bei-
spiel der Drehzahlregelung
von Wasserturbinen

3., neubearbeitete Auflage
Mit 188 Abb.
XI, 169 Seiten. 1969
DM 32,—
ISBN 3-540-04566-X

H. Kiendl:
**Suboptimale Regler
mit abschnittweise
linearer Struktur**
Rechnerunterstützte
Synthese und Realisierung
spezieller nichtlinearer
Regelungssysteme

Mit 38 Abb. VI, 146 Seiten
1972. (Lecture Notes in
Economics and Mathema-
tical Systems, Vol. 73)
DM 18,—
ISBN 3-540-05999-7

C. Landgraf, G. Schneider
**Elemente
der Regelungstechnik**

Mit 163 Abb.
VIII, 275 Seiten. 1970
Geb. DM 58,—
ISBN 3-540-04897-9

W. Schneeweiß:
**Zufallsprozesse in
dynamischen Systemen**

Mit 52 Abb. Etwa 360 Seiten
1974. (Ingenieurwissen-
schaftliche Bibliothek)
Geb. DM 72,—
ISBN 3-540-06192-4

W. Schneeweiß:
**Zuverlässigkeitstheorie**
Eine Einführung über Mittelwerte von binären Zufalls-
prozessen

Mit 41 Abb. VIII, 144 Seiten
1973. DM 32,—
ISBN 3-540-06193-2

H. Schwarz:
**Mehrfachregelungen**
Grundlagen einer System-
theorie

**1 Band:** Mit 303 Abb. und
7 Tafeln. XVI, 452 Seiten
1967. Geb. DM 96,—
ISBN 3-540-03973-2

**2. Band:** Mit 193 Abb. und
12 Tafeln. XII, 456 Seiten
1971. Geb. DM 124,—
ISBN 3-540-05248-8

Preisänderung vorbehalten

**Springer-Verlag
Berlin
Heidelberg
New York**
München  Johannesburg
London  Madrid
New Delhi  Paris
Rio de Janeiro  Sydney
Tokyo  Utrecht  Wien